企业安全风险评估技术与管控体系研究
国家安全生产重特大事故防治关键技术科技项目
湖北省安全生产专项资金项目资助

企业安全
风险辨识评估技术与管控体系

王先华 徐 克 赵云胜
叶义成 姜 威 王 彪 等著

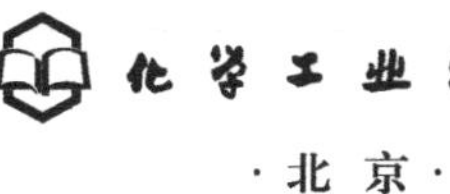

·北京·

内容简介

《企业安全风险辨识评估技术与管控体系》为“企业安全风险评估技术与管控体系研究丛书”的一个分册。

本书通过对国内外风险辨识评估技术与管控体系的现状研究及各行业典型事故案例分析，提出基于遏制重特大事故的“五高”（高风险物品、高风险工艺、高风险设备、高风险场所、高风险作业）风险管控理论，为各高危行业及重点领域安全风险管控提供理论与技术指导。本书提出的风险评估指标体系、风险分级模型及风险分级管控体系可为政府监管和各高危行业及重点领域管控两个层面提供参考。

《企业安全风险辨识评估技术与管控体系》适合企业主要负责人和安全管理人员、政府安全监管人员阅读，也适合高校和研究院所相关专业的教师、研究人员和学生参考。

图书在版编目（CIP）数据

企业安全风险辨识评估技术与管控体系/王先华等著．—北京：化学工业出版社，2023.3（2024.2重印）

（企业安全风险评估技术与管控体系研究丛书）

ISBN 978-7-122-42652-9

Ⅰ．①企…　Ⅱ．①王…　Ⅲ．①企业管理-安全管理　Ⅳ．①X931

中国版本图书馆CIP数据核字（2022）第245178号

责任编辑：高　震　杜进祥　　文字编辑：师明远
责任校对：王鹏飞　　装帧设计：韩　飞

出版发行：化学工业出版社（北京市东城区青年湖南街13号　邮政编码100011）
印　　装：北京盛通数码印刷有限公司
710mm×1000mm　1/16　印张15　字数240千字　2024年2月北京第1版第2次印刷

购书咨询：010-64518888　　售后服务：010-64518899
网　　址：http://www.cip.com.cn
凡购买本书，如有缺损质量问题，本社销售中心负责调换。

定　　价：88.00元　

“企业安全风险评估技术与管控体系研究丛书”编委会

丛书序言

安全生产是保护劳动者的生命健康和企业财产免受损失的基本保证。经济社会发展的每一个项目、每一个环节都要以安全为前提，不能有丝毫疏漏。当前我国经济已由高速增长阶段转向高质量发展阶段，城镇化持续推进过程中，生产经营规模不断扩大，新业态、新风险交织叠加，突出表现为风险隐患增多而本质安全水平不高、监管体制和法制体系建设有待完善、落实企业主体责任有待加强等。安全风险认不清、想不到和管不住的行业、领域、环节、部位普遍存在，重点行业领域安全风险长期居高不下，生产安全事故易发多发，尤其是重特大安全事故仍时有发生，安全生产总体仍处于爬坡过坎的艰难阶段。特别是昆山中荣“8·2”爆炸、天津港“8·12”爆炸、江苏响水“3·21”爆炸、湖北十堰“6·13”燃气爆炸等重特大事故给人民生命和国家财产造成严重损失，且影响深远。

2016年，国务院安委会发布了《关于实施遏制重特大事故工作指南构建双重预防机制的意见》（安委办〔2016〕11号），提出“着力构建企业双重预防机制”。该文件要求企业要对辨识出的安全风险进行分类梳理，对不同类别的安全风险，采用相应的风险评估方法确定安全风险等级，安全风险评估过程要突出遏制重特大事故。2022年，国务院安委会发布了《关于进一步强化安全生产责任落实坚决防范遏制重特大事故的若干措施》（安委〔2022〕6号），制定了十五条硬措施，发动各方力量全力抓好安全生产工作。

提高企业安全风险辨识能力，及时发现和管控风险点，使企业安全工作认得清、想得到、管得住，是遏制重特大事故的关键所在。“企业安全风险评估技术与管控体系研究丛书”通过对国内外风险辨识评估技术与管控体系的研究及对各行业典型事故案例分析，基于安全控制论以及风险管理理论，以遏制重特大事故为主要目标，首次提出基于“五高”风险（高风险设备、高风险工艺、高风险物品、高风险作业、高风险场所）“5+1+N”的辨识评估分级方法与管控技术，并与网络信息化平台结合，实现了风险管控的信息化，构建了风险监控预警与管理模式，属原创性风险管控理论和方法。推广应用该理论和方法，有利于企业风险实施动态管控、持续改进，也有利于政府部门对企业的风险实施分级、分类集约化监管，同时也为遏制重特大事故提供决策支持。

“企业安全风险评估技术与管控体系研究丛书”包含六个分册，分别为《企业安全风险辨识评估技术与管控体系》《危险化学品企业重大风险辨识评估与分级管控》《工贸行业重大风险辨识评估与分级管控 》《烟花爆竹企业重大风险辨识评估与分级管控 》《非煤矿山企业重大风险辨识评估与分级管控 》《金属冶炼企业重大风险辨识评估与分级管控》。丛书是众多专家多年潜心研究成果的结晶，介绍的企业安全风险管控的新思路和新方法，既有很高的学术价值，又对工程实践有很好的指导意义。希望丛书的出版，有助于读者了解并掌握“五高”辨识评估方法与管控技术，从源头上系统辨识风险、管控风险，消除事故隐患，帮助企业全面提升本质安全水平，坚决遏制重特大生产安全事故，促进企业高质量发展。

丛书基于 2017 年国家安全生产重特大事故防治关键技术科技项目“企业‘五高’风险辨识与管控体系研究”（hubei-0002-2017AQ）和湖北省安全生产专项资金科技项目“基于遏制重特大事故的企业重大风险辨识评估技术与管控体系研究”的成果，编写过程中得到了湖北省应急管理厅、中钢集团武汉安全环保研究院有限公司、中国地质大学（武汉）、武汉科技大学、中南财经政法大学等单位的大力支持与协助，对他们的支持和帮助表示衷心的感谢！

“企业安全风险评估技术与管控体系研究丛书”丛书编委会

2022 年 12 月

前言

重大风险管控是预防重特大事故发生的关键，重特大事故具有后果严重、预防艰巨的特点，近年来发生的昆山“8·2”爆炸、天津港“8·12”爆炸、响水“3·12”爆炸等多起重特大事故给人民生命财产和社会造成严重损失，影响深远。为了遏制重特大事故，国家采取了一系列重大举措，包括持续不断地开展矿山、道路和水上交通运输、危险化学品、金属冶炼、烟花爆竹、民用爆破器材、涉氨制冷、涉尘爆场所等行业、领域的专项整治，推行风险分级管控、隐患排查治理双重预防性工作机制，对有效预防重特大事故发挥了重要作用。目前，由于没有统一的重大风险辨识方法，导致部分企业的重大风险辨识不全，同类型企业的重大风险清单有较大差别，且因缺少重大风险评估分级方法，无法对重大风险实施分级管控。

非煤矿山、尾矿库、危险化学品、金属冶炼、烟花爆竹、涉氨制冷、涉尘爆场所等行业、领域存在工艺、设备复杂多样，涉及危险性大的物料，如高温熔融金属、煤气、爆炸性粉尘、危险化学品等，容易发生火灾爆炸、中毒窒息、灼烫等事故，一旦防控不当，可能造成严重的人员伤亡、财产损失及设备损坏。为从根本上预防高危行业及高风险领域重特大事故，以达到风险预控、关口前移，推进事故预防工作科学化、信息化、标准化，实现把风险控制在隐患形成之前、把隐患消灭在事故前面的目的，中钢集团武汉安全环保研究院有限公司组织中国地质大学（武汉）、武汉科技大学、中南财经政法大学开展了基于遏制重特大事故的企业重大风险辨识评估技术与管控体系研究。经过课题组对典型企业进行现场调研，收集近年来典型事故、安全评价报告、风险辨识等资料以及相关法规、标准，按工艺划分单元进行风险辨识与评估，形成风险与隐患违规证据信息清单、“五高”风险清单；提出基于“5＋1＋N”的重大安全风险评估模式，研究提出固有风险以及动态风险的“五高”安全风险评估指标体系；构建风险评估模型，提出风险管控措施；进行重大风险分级管控信息平台功能设计；进行风险评估模型试点应用等，形成了基于遏制重特大事故的“五高”风险管控核心理论。该成果结合实际制定科学的安全风险辨识程序和方法，系统性识别某个单元所面临的重大风险，分析安全事故发生的潜在原因，运用安全科学原理构建重大风险评估模型，建立基于现代信息技术的数据信息管控模式，全面实施和推进重大风险管理，对预防和减少重特大事故的发生具有重要意义。课题项目组结合研究成果，编写了“企业安全风险评估技术与管控体系研究丛书”。

本书为“企业安全风险评估技术与管控体系研究丛书”通用的内容。全书共分为九章，包括绪论、风险辨识评估技术与管控体系研究现状、安全风险辨识与评估理论、基于遏制重特大事故的“五高”风险管控理论、单元风险辨识与评估技术、“五高”风险辨识与评估技术、“五高”风险辨识评估模型在各行业相关企业应用与验证、重大安全风险分级管控信息平台功能设计、安全风险分级管控。

本书第一章由湖北省应急管理厅徐克、中钢集团武汉安全环保研究院有限公司王先华撰写，第二章、第三章由中国地质大学（武汉）赵云胜、武汉科技大学叶义成撰写，第四章、第五章、第六章由中钢集团武汉安全环保研究院有限公司王先华、王彪撰写，第七章由中钢集团武汉安全环保研究院有限公司王彪撰写，第八章由中国地质大学（武汉）赵云胜、中南财经政法大学姜威撰写，第九章由中南财经政法大学姜威撰写。

本书在编写过程中得到了湖北省应急管理厅、中钢集团武汉安全环保研究院有限公司、中国地质大学（武汉）、武汉科技大学、中南财经政法大学等单位的大力支持与协助，在此一并表示衷心的感谢。

“基于遏制重特大事故的企业重大风险辨识评估技术与管控体系研究”项目的研究成果，已在尾矿库、工贸行业重点领域等开展示范应用，由于缺乏必要的经验，本书难免有疏漏或不妥之处，恳请读者指正。

著者

2022年12月

目 录

第一章 绪论

第一节 风险管控背景

当前我国正处在工业化、城镇化持续推进过程中，生产经营规模不断扩大，传统和新型生产经营方式并存，各类事故隐患和安全风险交织叠加，安全生产基础薄弱、监管体制机制和法律制度不完善、企业主体责任落实不力等问题依然突出，生产安全事故易发多发，尤其是重特大安全事故频发势头尚未得到有效遏制。

重特大事故具有后果严重、预防艰巨的特点，近年来发生的昆山“8·2”、天津港“8·12”等多起重特大事故给人民生命财产和社会造成严重损失，影响深远。为了遏制重特大事故，国家采取了一系列重大举措，包括持续不断地开展矿山、道路和水上交通运输、危险化学品、烟花爆竹、民用爆破器材、涉氨制冷、涉尘爆场所等行业、领域及人员密集场所的专项整治，建立安全生产隐患排查治理体系等，对有效预防重特大事故发挥了重要作用。但这些举措的出台往往是以事故为代价的。上海翁牌冷藏实业有限公司“8·13”重大氨泄漏事故发生后，国务院安委会出台《关于深入开展涉氨制冷企业液氨使用专项治理的通知》(安委〔2013〕6号)；江苏昆山“8·2”重大爆炸事故发生后，原国家安全监管总局制定了《严防企业粉尘爆炸五条规定》(已废止)，这种管理模式很难保证今后不再发生“涉氯”“涉氧”等重特大事故。随着新业态和新材料、新工艺、新设备、新技术的涌现，随之而来的是安全生产事故诱因多样化、类型复合化、范围扩大化和影响持久化，想不到和管不住的行业、领域、环节、部位普遍存在，一些事故发生呈现由高危行业领域向其他行业领域蔓延趋势，2010～2016年8月以来的事故统计数据表明，非传统重点监管行业（领域）重特大事故数量、比值都处于较高水平。国内近年发生的重特大事故表明，以行业为重点预防重特大事故的管理思路已经不能适应当前安全生产的实际，如何针对预防重特大事故建立一套具有精准性、前瞻性、系统性和全面性的防控体系，是摆在我们面前的一个重大课题。

为了遏制重特大事故，2016 年我国提出推行风险等级管控、隐患排查治理双重预防工作机制。《国务院安全生产委员会关于印发 2016 年安全生产工作要点的通知》（安委〔2016〕1 号）要求深入分析容易发生重特大事故的行业领域及关键环节，在矿山、危险化学品、道路和水上交通、建筑施工、铁路及高铁、城市轨道、民航、港口、油气输送管道等高风险行业领域及劳动密集型企业和人员密集场所，推行风险等级管控、隐患排查治理双重预防工作机制，充分发挥安防工程、防控技术和管理制度的综合作用，构建两道防线。《国务院安委会办公室关于印发标本兼治遏制重特大事故工作指南的通知》（安委办〔2016〕3 号）和《国务院安委会办公室关于实施遏制重特大事故工作指南构建双重预防机制的意见》（安委办〔2016〕11 号）指出，遏制重特大事故一定要坚持关口前移、风险预控、闭环管理、持续改进，推动各地区、各有关部门和企业准确把握安全生产的特点和规律，探索推行系统化、规范化的安全生产风险管理模式，努力构建理念先进、方法科学、控制有效的安全风险分级管控机制，逐步把双重预防工作引入科学化、信息化、标准化的轨道，牢牢把握安全生产的主动权，实现把风险控制在隐患形成之前、把重特大事故消灭在萌芽状态。工作目标要求尽快建立健全安全风险分级管控和隐患排查治理的工作制度和规范。《国务院安全生产委员会关于印发 2017 年安全生产工作要点的通知》（安委〔2017〕1 号）要求贯彻落实《标本兼治遏制重特大事故工作指南》，制定完善安全风险分级管控和隐患排查治理标准规范，指导、推动地方和企业加强安全风险评估、管控，健全隐患排查治理制度，不断完善预防工作机制。

为了贯彻落实国家的规定，2016 年，湖北省在推进“两化”[1] 体系建设过程中，要求企业开展重大风险（指高风险设备、高风险工艺、高风险场所、高风险物品、高风险作业等“五高”[2] 风险）辨识，建立重大风险清单并制定控制措施，预防重特大事故的发生。在实施过程中，由于没有统一的重大风险辨识方法，导致部分企业的重大风险辨识不全，同类型企业的重大风险清单有较大差别，同时，由于没有重大风险评估分级方法，未能对重大风险实施分级管控，这些都影响了该项工作的实施效果。

重大风险管控是预防重特大事故发生的关键。结合实际制定科学的安全风险辨识程序和方法，系统识别某个单元所面临的重大风险，分析安全事故发生的潜在原因，运用安全科学原理构建重大风险评估模型，建立基于现代信息技术的数据信息管控模式，全面实施和推进重大风险管理，对预防和减少重特大事故的发生具有重要意义[3]。

第二节 “五高”风险管控研究内容

一、“五高”风险管控研究目标

① 提出通用的重大风险辨识及风险评估方法。

② 提出重大风险分级管控体系。

③ 提出非煤矿山、危险化学品、烟花爆竹、金属冶炼及其他工贸行业等重大风险辨识评估与分级管控体系。

④ 重大风险分级管控信息平台需求分析与功能设计。

二、“五高”风险管控的主要技术难点

① 重大风险（“五高”风险）的科学定义与界定。

② 基于信息化需求的重大风险辨识指标体系。

③ 风险评估模型中各影响因素的确定与合理取值。

④ 建立科学、有效的重大风险评估模型。

⑤ 确定重大风险判定阈值与分级标准。

⑥ 基于大数据的重大风险分级管控信息数据库及信息化平台功能设计。

三、“五高”风险管控的研究内容

（1）重大风险辨识评估方法及分级管控体系研究

研究确定可行的通用风险辨识程序和方法，系统辨识特定单元存在的重大风险，确定重大风险判定阈值；对重大风险进行分类梳理，建立风险评估模型，确定风险等级；构建重大风险分级管控体系。

（2）非煤矿山企业重大风险辨识评估与分级管控研究

研究地下矿山、露天矿山企业的重大风险辨识评估与分级管控技术。

（3）危险化学品企业重大风险辨识评估与分级管控研究

研究危险化学品生产、储存企业的重大风险辨识评估与分级管控技术。

（4）烟花爆竹企业重大风险辨识评估与分级管控研究

研究烟花爆竹经营企业的重大风险辨识评估与分级管控技术。

（5）金属冶炼企业重大风险辨识评估与分级管控研究

研究冶金、有色、铸造等行业有关金属冶炼企业的重大风险辨识评估与分级管控技术。

（6）其他工贸行业重大风险辨识评估与分级管控研究

研究冶金、有色、建材、机械、轻工、烟草、商贸、纺织等八大行业典型企业的重大风险辨识评估与分级管控技术。

（7）重大风险分级管控信息平台功能设计

研究建立统一的重大风险管控体系信息系统及数据库，对重大风险及其重要控制措施情况进行在线动态监控，实现重大风险智能分级，建立重大风险分级管控“一张图”，并与国家信息平台对接；运用云计算、大数据挖掘等技术，为遏制重特大事故提供决策支持。

四、“五高”风险管控的技术路线

“五高”风险管控的技术路线见图1-1。

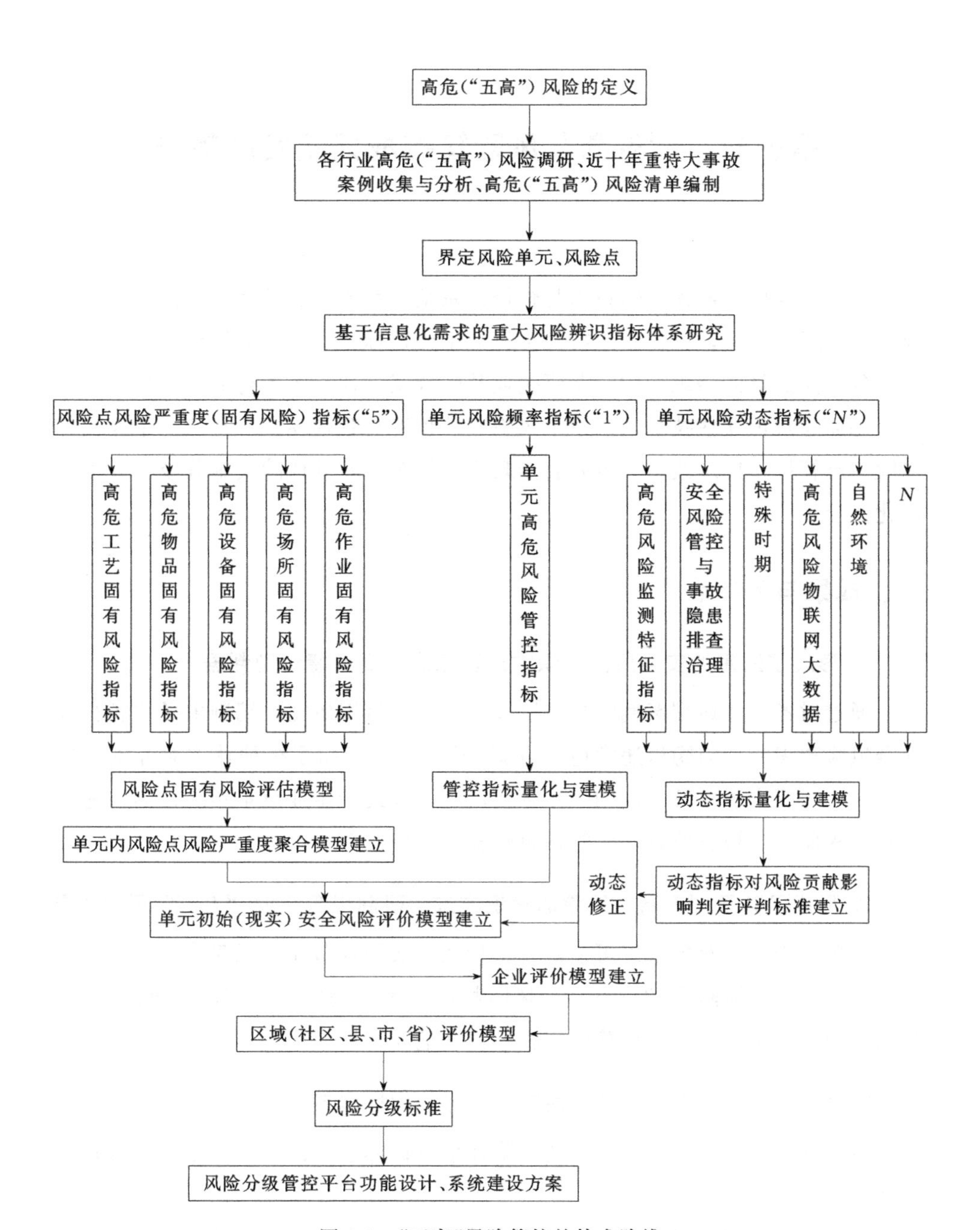

图 1-1 “五高”风险管控的技术路线

第三节 “五高”风险管控成果及发展趋势

企业安全风险辨识评估技术与管控体系基于系统论、控制论、信息论以及风险管理理论方法，以遏制重特大事故为主要目标，通过研究探讨“五高”风险在各行业的具体表现，结合调研企业基础数据，提出了各行业“五高”风险与动态风险辨识评估技术，构建了风险监控预警与管理模式，有利于企业实施风险动态管控、持续改进，也有利于政府部门对企业的风险实施分级、分类集约化监管。

一、成果与创新点

1. 形成了通用的安全风险辨识方法及隐患违章智慧识别判据

通过对各行业典型案例的分析以及安全风险辨识研究，编制出了“各行业安全风险辨识防控与隐患违章电子登记表”，以便全面系统地认清企业安全风险特征，并提出了有针对性的风险管控措施，有助于企业双重预防机制构建和政府远程监管、智慧监管，为管住风险奠定良好基础。

2. 形成了基于“五高”风险的辨识方法，研制出各行业“五高”风险清单

以单元为基本对象，以可能诱发重特大事故的环节作为风险点，研究各行业生产过程事故风险点的“五高”风险特征，编制完成了“五高”风险清单，从而全面展示了“五高”风险的存在部位和危险特性。

3. 建立了“5+1+N”的“五高”风险评估指标体系

本书构建了满足信息化需求的风险评估指标体系，即“5＋1＋N”风险指标体系。

“5”即五大固有风险指标：设备本质安全化水平，监测监控设施失效率，物质危险性，场所人员风险暴露指数，高风险作业种类。其中，设备本质安全化水平表征高风险设备，监测监控设施失效率表征工艺，物质危险性表征高风

险物品，场所人员风险暴露指数表征高风险场所，高风险作业种类表征作业的危险性。

“1”指表征事故风险频率变化的风险管控指标，通过标准化的等级来确定。

“N”指工贸行业风险动态调整指标，包括物联网监测指标、事故隐患动态指标、事故大数据指标、特殊时期动态指标以及自然环境的动态指标。

4. 建立了基于安全控制论的“五高”风险评估模型

安全控制论提出系统的风险水平是其“危险”与“危险控制”两个因素相互作用的结果。“5＋1＋N”中“5”体现的是系统固有危险指标，“1”体现的是“危险管控”指标，“N”则体现系统的动态特性相关因子的扰动。

“五高”风险评估模型包括事故风险点固有风险指标计量、单元固有风险聚合、单元风险评估模型。在固有风险评估模型基础上，综合考虑高危风险监测特征指标、特殊时期指标和自然环境指标对风险点初始安全风险、单元固有危险指数进行修正，并将事故隐患、安全教育培训、应急演练及生产安全事故四项安全生产管理基础动态指标纳入风险评估模型中。按照评估模型依次计算区域风险和现实风险，最终得出企业的整体风险，按照风险分级方法实施风险分级。根据风险清单和评估模型的计算应用结果，确定四级风险的分级阈值，依照所计算的风险阈值判断企业的风险等级。风险阈值的计算方法包括以暴露指数、物质危险性为主要依据的类“穷举法”以及以事故后果为依托的“权重”计算法。

模型在非煤矿山（地下、露天、尾矿库）、危险化学品、金属冶炼、工贸、烟花爆竹等行业相关企业进行了试点应用和验证。

5. 提出了区域风险聚合方法

结合企业安全管理实际以及政府安全监管现状，提出了单元到企业以风险最大原则确定企业风险水平；企业到区县，区县到市州等，采用内梅罗指数法计算风险等级水平。

6. 提出了风险溯源方法

提出红、橙、黄风险三级预警实时溯源和风险点、单元、企业、区域四层监控主体层级溯源的风险溯源方式。根据顶层区域风险信息的变化，实时钻取底层风险点关键数据的变化，实现区域—企业—单元—风险点的风险因子追踪，奠定了精准监管的基础。

7. 编制了各行业重大风险辨识评估指南

在前期研究和应用基础上，结合各行业风险特征，编制了非煤矿山、危险化学品、金属冶炼、工贸、烟花爆竹等行业“重大风险辨识评估指南”，为后续推广应用奠定了基础。

8. 构建了企业重大风险分级智能化管控体系

基于隐患和违章电子取证进行远程管控和执法，依靠风险一张图和智能监测系统进行风险信息的钻取和监测，从通用风险清单辨识管控、重大风险管控、单元高危风险管控和动态风险管控四个方面实现风险分类管控，确定各级政府及其负有安全生产监管职责的部门及企业的风险管控责任，形成智能化、系统化的风险分级管控体系。借助远程专家会诊等手段，形成技术处置方案推送给相关责任主体，采取技术措施降低安全风险。

9. 提出了重大风险分级管控平台功能设计方案

提出了通过建立统一的安全风险数据采集标准，从业务应用出发的数据分析技术，构建非煤矿山、金属冶炼、烟花爆竹、危险化学品、工贸等重点行业的安全管控业务系统，实现“五高”风险数据的钻取溯源、风险点固有风险的自动分级与展示、企业安全风险的自动分级与展示、区域安全风险的自动分级与展示、各类风险的监测与预警、区域安全风险趋势推演等功能，从而实现对非煤矿山、危险化学品、烟花爆竹、工贸等行业重点企业的联网监测与远程巡察监管。

二、“五高”风险管控的意义

企业安全风险辨识评估技术与管控体系结合现代化信息技术手段，建设集风险辨识、评估分级、监控预警于一体的省级信息平台，可以实现“五高”风险识别及快速定位、风险自动评估分级、风险预警及风险趋势预测智能化，建立了科学、合理的行业重大风险评估模型，对“五高”风险的辨识作了科学系统的阐述，解决了不同类型、级别风险的聚合问题，对企业的安全管控有以下重大意义。

① 基于“5＋1＋N”风险指标体系和“5＋1＋N”风险指标计算方案及单元风险评估模型与方法提出的“重大风险辨识评估指南”，对“五高”风险进行分级，有利于企业准确掌握安全状况，明确管控重点，遏制重特大事故。

② 通过建立安全风险智能管控体系，依托智慧安监与事故应急一体化云平台形成统一的隐患捕获、远程执法、治理、验收方法，实现风险管控的系统化、智能化、高效化，有利于施行动态风险评估、摸清危险源本底数据、搞清危险源状况、高效快速处置突发事件。构建不同类型的高危行业企业风险预警指标，对每项指标赋予不同的风险权重，并接入对应的数据，通过模型计算，判断出企业实时风险等级。在每个指标受到扰动的时候，企业风险等级会发生变化，系统自动发布风险预警信息，企业和对应的监管部门进行分级处置。所有的风险管控痕迹全部在系统中记录，并作为差异化监管的依据。

③ 通过对“五高”风险进行分级，从政府监管和企业管控两个层面，科学、合理地完成风险监管任务。政府监管层面，各级安全监管部门针对不同风险级别的企业制订执法检查计划，并在执法检查频次、执法检查重点等方面体现差异化，根据风险评估分级、监测预警等级，省、市、区（县）三级应急管理部门分级负责预警监督、警示通报、现场核查、监督执法等工作，执法系统与危险化学品、非煤矿山、工贸风险监测预警系统进行数据和业务流程对接，将企业自查和监管部门日常监管的数据推送给执法人员，确保执法人员对隐患排查不力、风险等级较高、安全管理体系运行异常的企业进行精准执法。企业自身管控层面，促使企业强化自我管理，提升安全管理水平，加强风险点的管理分工，推动企业改善安全生产条件，采取有效的风险控制措施降低安全生产风险，实现企业风险的精准管控，提高工作效率和经济效益。

三、未来展望

未来将进一步推动“五高”风险辨识和管控的智能化，以“全国安全生产三年行动计划”“安全生产＋互联网三年计划”等文件精神为指引，针对各行业企业特征使“五高”风险辨识和管控技术落地。

① 形成各行业重大风险辨识评估技术标准。

② 开展各行业“五高”风险场景智慧识别研发，实现风险因子的识别与

预警，并将其纳入“五高”风险辨识评估模型中，提高风险管控效率。

③ 在露天矿山、地下矿山、金属冶炼、危险化学品、烟花爆竹以及其他冶金等工贸行业的重点领域开展“五高”风险辨识、评估、分级管控技术的推广应用。

参考文献

[1] 湖北省安全生产监督管理局．隐患排查“两化”体系建设[J]．劳动保护，2015，4.

[2] 徐克，陈先锋．基于重特大事故预防的“五高”风险管控体系[J]．武汉理工大学学报(信息与管理工程版)，2017，39(06)：649-653.

[3] 王先华,夏水国,王彪．企业重大风险辨识评估技术与管控体系研究[A]．中国金属学会冶金安全与健康分会．2019年中国金属学会冶金安全与健康年会论文集[C]．中国金属学会冶金安全与健康分会:中国金属学会,2019:3.

第二章 风险辨识评估技术与管控体系研究现状

第一节　风险辨识评估技术研究现状

一、国外研究现状

20 世纪 40 年代，由于制造业向规模化、集约化方向发展，系统安全理论应运而生，逐渐形成了安全系统工程的理论和方法。首先是在军事工业，1962 年 4 月，美国公布了第一个有关系统安全的说明书“空军弹道导弹系统安全工程”，对与民兵式导弹计划有关的承包商从系统安全的角度提出要求，这是系统安全理论首次在实际中应用。

1964 年，美国陶氏（DOW）化学公司根据化工生产的特点，开发出“火灾、爆炸危险指数评价法”，用于对化工生产装置进行安全评价。1974 年，英国帝国化学公司（ICI）蒙德（Mond）部在陶氏化学公司评价方法的基础上，引进了毒性概念，并发展了某些补偿系数，提出了“蒙德火灾、爆炸、毒性指标评价法”[1]。1974 年，美国原子能委员会在没有核电站事故先例的情况下，应用安全系统工程分析方法，提出了《核电站风险报告》（WASH-1400），并被后来核电站发生的事故所证实。1976 年，日本劳动省颁布了“化工厂六阶段安全评价法”，采用了一整套安全系统工程的综合分析和评价方法，使化工厂的安全性在规划、设计阶段就能得到充分的保障。随着安全风险评估技术的发展，风险评估已在现代安全管理中占有重要的地位[2]。

由于风险评估在减少事故，特别是减少重大事故方面取得了巨大效益，许多国家政府和生产经营单位投入巨额资金进行风险评估。美国原子能委员会 1974 年发表的《核电站风险报告》，就用了 70 人 · 年的工作量，耗资 300 万美元，相当于建造一座 1000MW 核电站投资的 1%。据统计，美国各公司共雇佣了 3000 名左右的风险专业评价和管理人员，美国、加拿大等国就有 50 余家专门从事安全评价的“风险评估咨询公司”[3]。当前，大多数工业发达国家已将风险评估作为工厂设计和选址、系统设计、工艺过程、事故预防措施及制订应急计划的重要依据。近年来，为了适应风险评估的需要，世界各国开发了包括危险辨识、事故后果模型、事故频率分析、综合危险定量分析等内容的商用化风险评估计算机软件包。随着信息处理技术和事故预防技术的进步，新型实用的风险评估软件被不断地推向市场。计算机风险评估软件的开发研究，为风险评估的应用研究开辟了更加广阔的空间[4]。

在全球经济一体化的背景下，国际上广为流行的 OHSMS 体系、NOSA、ISO 系列标准等安全风险管理体系被广泛应用到企业管理中，应用体系化、标准化的安全管理模式已成为趋势。风险管理体系以风险控制为主线，以 PDCA 闭环管理为原则，系统地提出了安全生产管理的具体内容，指明了风险管控的目标、规范要求与管理途径，为管理与作业的规范化提出了具体的工作指导。各国相应提出了相关标准，如 BS 8800：1996，OHSAS：1999，国际损失控制协会（ILCT）的国际安全评定系统（ISRS），澳大利亚的 AS/NZS4801 职业安全健康管理体系，日本的 JISHA 职业安全管理体系导则，跨国公司（3S、Shell、ICI）的安全管理系统。如今，国际上广为流行的 ISO 45000、ISO 14000、ISO 9000、NOSA、IGH 等体系被越来越多的企业所运用。世界 500 强企业安全管理主要采取三大模式：第一种是企业自主开发的安全管理系统（壳牌石油、GE）；第二种是基于行为的安全管理系统（如杜邦的安全观察培训）；第三种是政府或者行业组织制定的标准，如 OSHMS、NOSA、ISO 等等。

NOSA 是南非国家职业安全协会（National Occupational Safety Association）的简称，成立于 1951 年 4 月 11 日。NOSA 安全五星管理系统是南非国家职业安全协会于 1951 年创建的一种科学、规范的职业安全卫生管理体系，现特指企业安全、健康、环保管理系统，NOSA 安全五星管理系统已经被证实为一个实用性极强的管理系统。1987 年 NOSA 开始对其他国家提供服务以后，已有 10 多个国家和地区采用 NOSA 安全五星管理系统。

ISO 45000（职业安全健康管理体系）是继 ISO 9000（质量管理体系）和 ISO 14000（环境管理体系）之后企业持续发展的又一个重要的标准化管理体系。1999 年，英国标准协会（BSI）、挪威船级社（DNV）等 13 个组织提出了职业健康安全评价系列（OHSAS）标准，OHSAS 18001《职业健康安全管理体系—规范》和 OHSAS 18002《职业健康安全管理体系——OHSAS 18001 实施指南》；2007 年，OHSAS 18001 得到进一步修订，使其与 ISO 9001 和 ISO 14001 标准的语言和架构进一步融合。直到 2013 年，国际标准化组织（ISO）开始编制一项新的标准，即 ISO 45001《职业健康安全管理体系要求及使用指南》，并于 2018 年 3 月 12 日正式发布实施，现阶段我国已完成国家标准的转化工作。2020 年 3 月 6 日，国家市场监督管理总局、国家标准化管理委员会（SAC）发布 2020 年第 1 号公告，批准 GB/T 45001—2020《职业健康安全管理体系要求及使用指南》。

HSE（Health、Safety、Environment）管理体系是三位一体的管理体系。由于在实际工作过程中安全、环境与健康的管理有着密不可分的联系，因此，一些行业尤其是石油行业就把健康（H）、安全（S）和环境（E）融合在一起形成一个更加广泛的综合性管理体系标准模式。

二、国内研究现状

我国在 20 世纪 80 年代逐步由“引进”风险管理思想转变为自己综合深入研究风险问题的诸多方面。在围绕企业总体经营目标、建立健全全面风险管理体系的同时，安全生产管理也在传统的经验管理、制度管理的基础上，引入并强化了预防为主的风险管理。

20 世纪 80 年代，系统安全被引入我国。通过消化、吸收国外安全检查表和风险辨识的方法，机械、冶金、航天、航空等领域的有关企业开始应用风险分析评价方法，如安全检查表（SCL）、事故树分析（FTA）、故障类型及影响分析（FEMA）、预先危险性分析（PHA）、危险与可操作性研究（HAZOP）、作业条件危险性评价（LEC）等。在许多企业，安全检查表和事故分析法已应用于生产班组和操作岗位。此外，一些石油、化工等易燃、易爆危险性较大的企业，应用陶氏化学公司的火灾爆炸指数评价方法进行评价，许多行业和地方政府部门制定了安全检查表和评价标准。

为推动和促使安全风险评估方法在我国企业风险管理中的实践和应用，1986 年，劳动人事部向有关科研单位分别下达了机械工厂危险程度分级、化工厂危险程度分级、冶金工厂危险程度分级等科研项目。1987 年，机械电子部首先提出了在机械行业内开展机械工厂安全风险评估，并于 1988 年 1 月 1 日颁布了第一个部分安全风险评估标准——《机械工厂安全性评价标准》。原化工部劳动保护研究所提出了化工厂危险程度分级方法，在相关行业的几十家企业进行了实际应用。

国家“八五”科技攻关课题中，安全风险评估方法研究被列为重点攻关项目。由原劳动部劳动保护科学研究所等单位完成的“易燃、易爆、有毒重大危险源辨识、评价技术研究”项目[5]，将重大危险源评价分为固有危险性评价和现实危险性评价，后者在前者的基础上考虑各种控制因素，反映了人对控制事故发生和事故后果扩大的主观能动作用。《易燃、易爆、有毒重大危险源辨识、评价方法》填补了我国跨行业重大危险源评价方法的空白；在事故严重度评价中建立了伤害模型库，采用了定量的计算方法，使我国工业安全评价方法的研究从定性评价进入定量评价阶段。

与此同时，安全风险预评价工作在建设项目“三同时”工作向纵深发展的过程中开展起来。经过几年的实践，1996 年，劳动部颁发了第 3 号令，规定六类建设项目必须进行劳动安全卫生预评价。预评价是根据建设项目的可行性研究报告内容，运用科学的评价方法，分析和预测该建设项目存在的职业危险有害因素的种类和危险、危害程度，提出合理可行的安全技术和管理对策，作为该建设项目初步设计中安全技术设计和安全管理、监察的主要依据。

国务院机构改革后，国家安全生产监督管理局重申要继续做好建设项目安全预评价、安全验收评价、安全现状综合评价及专项安全评价。2002 年 6 月 29 日颁布了《中华人民共和国安全生产法》，规定生产经营单位的建设项目必须实施“三同时”，同时还规定矿山建设项目和用于生产、储存危险物品的建设项目应进行安全条件论证和安全评价。

2000 年以后企业的升级活动推动了我国安全评价工作的开展。一些业务主管部门开发了适合其特点的数学模型[6]，并颁发了该部门的安全评价办法。

国家机械工业委员会颁布实施的《机械工厂安全性评价标准》，以检查表打分的办法将评价内容分为综合管理、危险性和劳动卫生与作业环境三大部分，分别赋予 230、600、170 分的权重，以总计得分来评定企业的安全水平，是我国实施较早的一个安全性评价标准。该办法数模结构简单，规定较细，易于推广应用，凝聚了该行业科技人员和安全管理人员的智慧及经验，但也有美中不足之处：

① 评价模型的立论根据、建模原则及有关因素内涵和赋值，还未见严密的科学论证。

② 评价模型属静态模型。

③ 以评估企业宏观安全等级为主要目的。

危险指数评价法在我国化工行业应用也较普遍[7]。“光气生产安全评价三阶段法”就是一个典型例子。此类评价办法一般引用陶氏化学公司的火灾爆炸危险指数评价法，通过评价计算确定火灾爆炸指数，确定危险影响范围及可能造成的最大财产和停工损失。对于控制作用，也由三个小于1的系数C_1、C_2、C_3进行修正，以确定实际损失估计值。该方法是在结合我国企业实际的基础上，引用国外技术和经验而形成的，比较适合行业的需要，但其评价参数取值范围过宽，选用时缺乏一定标准，因而难以保证评价结果的精度。

近些年来，不少企业和研究单位也探索提出了许多安全评价、风险评估方法，但归纳起来，除一部分类似于原机械委的检查表评分方法外，有的混合采用了国外的一些安全评价方法，有的属模糊评价。模糊评价法虽然对于评定企业安全等级也可发挥一定的作用，但从系统控制的角度考虑，因其难以提出改进安全工作的参考信息，故也不是一种理想的方法。

当前，我国原煤、钢、水泥、化肥、微型计算机、彩电等主要工业产品产量以及固定电话、移动电话和互联网用户数均居世界第一；轻工、纺织、机械、家电、成品油、乙烯、部分有色金属产量位居世界前列；航空、航天、船舶等国防科技工业发展取得举世瞩目的成就。随着新业态和新材料、新工艺、新设备、新技术的涌现，随之而来的是安全生产事故诱因多样化、类型复合化、范围扩大化和影响持久化，想不到和管不到的行业、领域、环节、部位普遍存在；另外，部分工业企业设备陈旧，更新换代不快，有的甚至处于超负荷或带病运行或超期服役的状态，导致生产系统中潜伏着许多隐患，加之管理水平不高，人员素质较差，安全问题十分突出。一些事故发生呈现由高危行业领域向其他行业领域蔓延趋势，历年来的事故统计数据表明，非传统重点监管行业（领域）重特大事故数量、比值都处于较高水平。国内近年发生的重特大事故表明，以行业为重点预防重特大事故的管理思路已经不能适应当前安全生产的实际，如何针对预防重特大事故建立一套具有精准性、前瞻性、系统性和全面性的防控体系，是摆在我们面前的一个重大课题。

但是从以上分析可以看出，目前国内外已问世的安全评价方法，都有一定的局限性，还不能充分满足需要。因此，必须更新观念，综合利用近年来边缘学科的最新成就，提高安全评价技术水平。其中，重要的是借鉴安全控制论的理论和方法论，解决安全定量问题，并建立动态的数学模型[8]。

当前软科学发展趋势，主要是运用系统科学的系统论、控制论、信息论（所谓的三论）更新观念和方法论。例如，系统论中的开放系统、封闭系统、自组织系统、系统的进化与控制，控制论中的反馈控制以及信息论中的若干基本概念，几乎已渗透到所有科学技术领域。因此，许多学科发生了巨大的变化，产生了许多新学科，如工程控制论、经济控制论、社会控制论、生物控制论、人口控制论等。

安全科学界也不例外，继 20 世纪 60 年代提出系统安全概念，70 年代中期以来，国内外陆续有人提出安全控制论的概念。美国 Auburn 大学的 D. B. Brown 和南加利福尼亚大学的 S. W. Malasky，相继于 1976 年、1981 年初步提出在安全工程中运用控制论的设想，德国学者 A. Kuhlman 在 1981 年出版的《安全科学概论》一书中也有类似见解。但至今，尚未见到安全控制论的具体成果，更谈不上在安全评价方面的应用[9]。

我国关于安全控制论的研究工作，基本与 Kuhlman 同时起步，1982 年已有人提出与之类似的主张，1988 年提出安全控制论的状态方程和运用卡尔曼滤波器进行系统辨识问题[10]。至此，我国已从概念研究阶段进入建立安全控制理论体系更高层次的研究阶段。

另外，由于现代统计分析和决策分析技术的发展，过去对于一些难以定量分析的属性变量的数量化问题，只能凭个人经验判断，近年来也已找到一些解决办法。

综合上述各点可见，以“系统论、控制论、信息论的指导思想”等三项工作原则指导风险评估技术研究，既符合当前软科学发展潮流，也具备了开发研究的主客观条件。基于这种认识所建立的安全控制论评价方法可以较全面地满足以危险控制为核心内容的现代安全管理的要求[10]。

第二节　风险管控体系研究现状

一、国外研究现状

在风险管控方面，发达国家通过制定和颁布相关法规和不断修正，逐渐形成了一套相对严密与完善的管理机制，进行事先监督、落实各种防范措施，消灭事故隐患。自 20 世纪 80 年代以来，欧美国家便颁布了法规，要求企业必须对重大风险源进行风险分析、评价和管理。风险管控法律健全后，西方国家职业伤害事故水平一直处于稳步下降的趋势。进入 21 世纪，发达国家面临的安全生产方面的主要任务由职业安全转变为职业健康保健，研究机构、管理机构和法规标准侧重于职业健康方面的研究及管理。

西方国家经过长时间的探索，逐步形成了法律手段和经济手段双管齐下的风险管控架构。政府通过法律手段设立规范，强制企业做好风险管控工作。通过保险体系实施的经济调节是风险管控的有力保障。安全生产的保险金与企业工作环境相关，保险公司通过与企业风险相关的可变保险金对投保企业进行经济调节，通过风险评估和管理查询，督促并协助企业改善安全生产状况。如果企业风险评估结果较差，则该企业必然会支付巨大的保险金，但企业若积极采取措施，降低了风险等级，则保险公司会调低投保费率从而减少企业的经济支出。因此，对于投保企业而言，不注重本企业的风险管控的代价就是支付高额的保险金，而安全状况的改善不仅可以降低支付的保险金，同时也可以极大降低安全事故的发生概率，从而增加了企业的经济效益，这种风险与保险金密切相连的机制在企业风险管控方面起到了重要的作用。保险公司为企业提供风险评估和管理咨询服务，帮助企业改善生产环境，促进企业的安全生产。保险公司不仅通过经济杠杆对投保企业的安全状况进行调控，并且在杠杆的反作用下，自身对风险管控的研究也在不断深入。

在煤矿安全领域，美国建立了矿山安全与卫生署，作为一个独立的安全监察部门，其与政府没有任何从属关系，从而从机制上防止了检查人员与企业、地方政府结成利益同盟。美国所颁布的《矿山安全法》以及相关配套规章制度的实施，加上新技术的推广使用，使煤矿行业死亡人数逐年降低，采矿业成为比建筑业、运输业还要安全的行业。日本政府为应对经济飞速发展带来的安全问题，制定了《劳动卫生安全法》《矿山安全法》《劳动灾难防止团体法》等一系列法律法规，建立了煤矿风险管控体系，同时建立了一支强有力的安全监督队伍，重视风险的超前管理和过程管理，并设立了“中央劳动安全卫生委员会”，负责检查安全措施的落实情况，督促企业履行安全义务，做好风险管控。

同时，国外的工业企业也开发出了成熟的风险管理软件用于风险管控，取得了巨大的经济效益和社会效益。美国 Amoco 管道公司（APL）、NGPL 公司、科罗尼尔管道公司分别采用风险指标评价模型对所属的油气管道或储罐进行风险管理。英国气体公司（BG）按照英国工程学会（IEG）TD/1 英国管道标准草案 BS8010 编制开发了用于输气管道风险及危害性的软件包 TRANSPIRE。法国国标检验局按照美国 API581 的标准编制了用于各类化工设备及管道的风险评估软件 R. B. Eye。

二、国内研究现状

国务院下发的《国务院关于进一步加强企业安全生产工作的通知》（国发〔2010〕23 号），《国务院安委会关于深入开展企业安全生产标准化建设的指导意见》（安委〔2011〕4 号），以及原国家安监总局、中华全国总工会、共青团中央颁布的《关于深入开展企业安全生产标准化岗位达标工作的指导意见》（安监总管四〔2011〕82 号）等文件，提出了安全生产标准化建设的要求，突出风险管控的重要性，强调全员参与、过程控制、持续改进，要求充分体现隐患管理和事故预防的思想。2016 年国家提出推行风险等级管控、隐患排查治理双重预防工作机制[11]。《国务院安全生产委员会关于印发 2016 年安全生产工作要点的通知》（安委〔2016〕1 号）要求深入分析容易发生重特大事故的行业领域及关键环节，在矿山、危险化学品、道路和水上交通、建筑施工、铁路及高铁、城市轨道、民航、港口、油气输送管道等高风险行业领域及劳动密集型企业和人员密集场所，推行风险等级管控、隐患排查治理双重预防工作机制。《国务院安委会办公室关于印发标本兼治遏制重特大事故工作指南的通知》（安委办〔2016〕3 号）和《国务院安委会办公室关于实施遏制重特大事故工作指南构建双重预防机制的意见》[12]（安委办〔2016〕11 号）指出，遏制重特大事故一定要坚持关口前移、风险预控、闭环管理、持续改进，推动各地区、各有关部门和企业准确把握安全生产的特点和规律，探索推行系统化、规范化的安全生产风险管理模式，努力构建理念先进、方法科学、控制有效的安全风险分级管控机制。《国务院安全生产委员会关于印发 2017 年安全生产工作要点的通知》（安委〔2017〕1 号）要求贯彻落实《标本兼治遏制重特大事故工作指南》，制定完善安全风险分级管控和隐患排查治理标准规范，指导、推动地方和企业加强安全风险评估、管控，健全隐患排查治理制度，不断完善预防工作机制[12]。

随着国家监管力度逐步加大，各省市、行业逐步建立预防控制体系。山西汾河焦煤股份有限公司基于以往矿井安全管理体系构建研究成果，提出了“三位一体”安全管控体系；国网泉州供电公司，提出建立基于“互联网＋”的风险分级管控体系；中国石化西南油气分公司从影响安全生产的因素出发，结合西南油气分公司的实际，建立安全风险管理体系。现阶段的风险管控体系主要还是依据传统的风险管理程序来开展工作，在实际中存在概念不清、风险辨识不到位、风险分级结果与风险管控措施脱节的问题。

三、我国典型行业安全风险防控现状

1. 危险化学品行业安全风险防控现状

新中国成立以来，我国危险化学品行业从无到有，从小到大，危险化学品的安全管理事业也经历了从无到有的阶段，特别是改革开放以后，危险化学品的安全管理逐渐走向成熟，大体经历了专项化和细分化阶段（1978～1992年）、国际化和规范化阶段（1992～2002年）、制度化和科学化阶段（2002年至今）三个阶段。

（1）危险化学品监管的法律、法规

在国家层面，我国出台了近百项围绕或涉及危险化学品安全管理的法律法规，覆盖人大立法、国务院令以及部门规章/文件三大层面，包括40多项综合性法律、法规、管理办法及标准，如《中华人民共和国安全生产法》、《危险化学品安全管理条例》、《安全生产许可证条例》、《使用有毒物品作业场所劳动保护条例》、《作业场所安全使用化学品公约》（1990年6月25日国际劳工组织通过，1994年10月27日全国人大常委会批准该公约）、《危险化学品重大危险源辨识》、《危险货物品名表》、《化学品分类和危险性公示　通则》、《危险货物包装标志》、《危险化学品仓库储存通则》、《化学品安全技术说明书　内容和项目顺序》、《化学品安全标签编写规定》等。这些法律、法规及标准基本建立了我国危险化学品安全监管的法律体系，为我国早期的危化行业发展奠定了基础。其中，《危险化学品安全管理条例》在2011年修订，相对比较全面地覆盖了危险化学品安全方面的法规。此外，各地也根据需要，在不与上级法律法规相抵触的前提下制定了地方性的法律法规。在法律法规的基础上，我国建立了各项危险化学品安全管理制度，包括危险化学品的目录制度、登记制度、生产许可制度、经营许可制度、储存与运输管理制度、建设项目安全条件审查制度等。

国务院相关部委在上述行政法规的基础上又分别制定了一系列更为具体的关于化学品的部门规章，对化学品的安全管理作出了较为细致详尽的规定，是我国法律文本中针对化学品最专业的部分，如《化学品首次进口及有毒化学品进出口环境管理规定》《危险化学品包装物、容器定点生产管理办法》《新化学物质环境管理办法》等。为保障《危险化学品安全管理条例》有效实施，原国家安全监管总局组织制定或修订了 9 项配套部门规章，包括：《危险化学品目录》《危险化学品生产企业安全生产许可证实施办法》《危险化学品经营许可证管理办法》《危险化学品安全使用许可证实施办法》《危险化学品建设项目安全许可实施办法》《危险化学品登记管理办法》《危险化学品重大危险源安全监督管理暂行规定》《危险化学品输送管道安全管理规定》《化学品物理危险性鉴定与分类管理办法》。

针对危险化学品安全特点，原国家安全监管总局着力推行了一些具体的手段强化安全、管控风险。2009 年公布了《首批重点监管的危险化工工艺安全控制要求、重点监控参数及推荐的控制方案》，确定了危险工艺重点监控的工艺参数，需装备的自动控制系统，大型和高度危险工艺装置应装备的紧急停车系统，并要求危险化学品生产企业在 2010 年底前完成所有采用危险化学工艺的生产装置的自动化改造工作。2011 年 6 月，原国家安全监管总局公布了《首批重点监管的危险化学品名录》，2011 年 7 月 1 日又颁布了《首批重点监管的危险化学品安全措施和应急处置原则》，确定了 60 种重点监管的危险化学品，并从特别警示、理化特性、危害信息、安全措施、应急处置原则等 5 个方面，对重点监管的危险化学品逐一提出了安全措施和应急处置原则。之后又印发了《国家安全监管总局关于印发危险化学品企业事故隐患排查治理实施导则的通知》（安监总管三〔2012〕103 号）、《国家安全监管总局关于印发〈化工（危险化学品）企业安全检查重点指导目录〉的通知》（安监总管三〔2015〕113 号）、《国家安全监管总局关于印发〈化工和危险化学品生产经营单位重大生产安全事故隐患判定标准（试行）〉和〈烟花爆竹生产经营单位重大生产安全事故隐患判定标准（试行）〉的通知》（安监总管三〔2017〕121 号）等重要规范性文件，为各地开展安全风险防控提供了依据。

（2）危险化学品监管的部门职责

我国对危险化学品实施安全管理的部门包括安监、公安、交通等十多个部门。2011 年新修订的《危险化学品安全管理条例》进一步明确了主要相关部门的职责。对于化学事故的应急处置工作，各地陆续出台了专项应急预案，明确了应急组织形式以及各部门的分工。根据《危险化学品安全管理条例》总则第六条，安监部门负责危险化学品安全监督综合管理工作，包括危险化学品目录的制定与调整，危险化学品建设项目安全条件审查，危险化学品登记以及危险化学品安全生产许可证、安全使用许可证和经营许可证的审查核发等工作。其他各部门在危险化学品生命周期的各个环节分别承担各自的职责。鉴于港口危险化学品作业的专业性和危险性，我国对港口危险化学品的安全监督工作另作规定。根据《中华人民共和国港口法》等法律法规，交通运输部主管全国港口危险化学品的安全管理工作，港口行政管理部门具体负责相关工作。另外，按照“管行业必须管安全”的原则，行业主管部门也有义务督促危险化学品从业单位强化安全生产责任落实。例如，经济和信息化部门负责危险化学品生产、储存的行业规划；教育部门负责指导教学科研单位加强危险化学品的安全管理，积极开展危险化学品安全知识教育，基本上建立全方位的危险化学品风险管控体系。

(3) 危险化学品事故应急救援体系

现阶段，我国建立了分级处置的危险化学品事故应急救援体系，创建了国家化学事故应急响应中心、国家中毒控制中心，建立了化学事故应急救援网络。在化学品生产、运输等方面，我国颁布了《危险货物道路运输安全管理办法》等文件；在指挥架构上，我国探索实行应急办和各类指挥部、议事协调机构、联席会议制度综合协调的应急行政管理体制；在应急救援队伍上，建有国家级应急救援队伍近百支、2 万余人。此外，根据《安全生产法》《国家安全监管总局关于加强基层安全生产应急队伍建设的意见》（安监总应急 [2021] 13 号）等法律法规和文件精神，我国大中型危化品企业必须建立专职应急救援队伍，专职救援队伍平时为本企业安全生产服务，应急情况下服从政府领导；小型危化品企业至少应该建立兼职应急救援队伍或明确兼职救援人员，并与邻近的专业救援队签订应急救援协议。目前，广州等地已经建立了危化品事故救援队伍名单，明确了各支专职应急救援队伍的任务专长及联系方式，北京、重庆等地还对救援协议的制定、专职救援队伍服务费做出了指导和规范。

除了政府从立法层面强化危险化学品安全风险防控外，各化工企业尤其是跨国化工集团、科研机构、社会团体等也在大力研发危险化学品安全技术和管理方法，不断实践创新和推广应用，为化工及危险化学品行业的安全生产起了重要作用。

2. 非煤矿山行业安全风险防控现状[13,14]

党的十八大以来，全国金属非金属矿山事故得到有效控制，事故总数、死亡人数大幅下降，降幅均在50%以上，近10年没有发生特别重大事故。中央财政投入资金，推动全国整顿关闭矿山39377座，在全国范围内消灭了危库和险库，推动了1425座“头顶库”和12.8亿立方米采空区治理工程建设。各省级非煤矿山安全监管职责清单和安委会成员单位职责清单已全部完成，市、县级完成近95%，各类企业完成制定责任清单近90%。安全生产法治化水平不断提高，形成了由《安全生产法》《矿山安全法》和11个部门规章构成的法规体系，由70项国家和行业标准组成的标准体系。对29938座矿山划分了风险级别，累计投入5.47亿元对67958座次矿山进行专家会诊，整顿隐患40.1万项。全国非煤矿山取得标准化等级比率由2012年的39.9%增至2017年的88.6%。

各地通过集中执法媒体曝光行动、违法违规建设和生产专项执法、地下矿山防中毒窒息专项执法、与煤共（伴）生矿山专项执法、停产停建矿山专项执法等方式，开展专项检查执法；通过专家会诊、风险分级监管、微信助力监管、在线填报普查系统矿山，展开监管工作；通过专业技术人员配备、强化淘汰落后设备工艺、推广先进适用装备等，非煤矿山安全基础得到强化。

为解决金属非金属矿山安全监管人员总量偏少、专业人员匮乏和监管方式方法比较落后三重叠加的突出矛盾和问题，国家安全生产监督管理总局制定了《国家安全监管总局关于非煤矿山安全生产风险分级监管工作的指导意见》（安监总管一〔2015〕91号），综合评估企业固有风险、设备设施、安全管理、人员素质和安全业绩等方面的风险因素，结合安全生产标准化评级和专家“会诊”结果，将企业按照风险程度由低到高划分为A、B、C、D四个级别。要求各级安全监管部门根据企业风险变化，及时调整其风险级别，实施动态化评估分级和差异化监管。2016年，国家安全生产监督管理总局下发了《非煤矿山领域遏制重特大事故工作方案》，要求针对非煤矿山可能引发重特大事故的环节，强制推行6项重大风险防控措施，坚决防范遏制重特大事故。要求全面加强安全风险分级管控和隐患排查治理双重预防工作机制建设，全面提升安全技术装备水平，严厉惩治各类违法违规行为，严格安全生产源头治理，开展保护生命重点工程建设，切实提升应急处置能力。2017 年，原国家安全监管总局开始在部分非煤矿山开展安全风险分级管控和隐患排查治理双重预防机制建设试点工作，确定了 114 家试点企业，各地也相应选取一定数量矿山试点。各试点企业也开始行动，大都依据《关于开展非煤矿山双重预防机制建设试点工作的通知》（安监总厅管一［2017］63 号）制定了实施方案。

3. 冶金等工贸行业安全风险防控现状

工贸行业作为国民经济的支柱产业，危险性较高危行业低，但企业数量庞大，涉及专业众多，存在小、散、乱状况，安全基础薄弱，表现出大而不强的尴尬局面。企业安全生产存在的问题主要表现在以下几个方面：

一是生产工艺技术落后，缺乏专、兼职安全管理人员，安全设备设施不完善，从业人员素质低、流动性大，未经安全培训上岗等问题突出，“三违”现象造成的事故多发。不能自主建立安全生产管理体系，或自主管理安全的能力弱，不愿管、不会管等问题较为普遍。

二是机械化、自动化、信息化和标准化水平不高，更新不及时，存在大量各种类型的小作坊和采用淘汰落实设备、工艺的企业，安全基础薄弱，安全保障能力差。

三是一些企业负责人安全意识淡薄。个别企业隐患治理、日常安全检查、特种作业人员登记、作业票等工作台账虽然编制齐全，但仅为应付上级检查而编制，规章制度、操作规程形同虚设。甚至个别企业未按要求设立安全管理机构，或在企业改组改制后安全管理机构的职能被削弱、编制缩减、权威性下降，不能有效发挥企业内部监管作用。部分企业专职安全管理人员不足，部分人员素质不高，安全管理工作处于被动应付状态。

四是个别地方安全生产属地管理责任落实不到位。一些地方政府在城乡建设规划、产业发展规划、企业设立论证等环节，对安全生产监督不力，造成大量公共隐患，产业集聚区安全监管方面的漏洞尤为突出，区域布局未进行安全评价论证，新改扩建设项目未履行“三同时”手续。个别地方政府在招商引资过程中边设计，边施工，边生产经营的“三边”现象依然存在，部门安全监管职责界定不准确，“三定”方案规定由安监部门负责工贸行业安全监管，但由于其他行业部门安全管理的弱化，导致安监部门单打独斗的局面。工贸行业安全监管力量薄弱。截至 2016 年，全国只有 15 个省级安全监管局设立了专门的工贸监管业务处，监管人员约 3400 人，平均省级 3.8 人、市级 1.8 人、县级 0.99 人。

为提高冶金建材工贸行业企业风险防范能力，2013 年，原国家安全监管总局印发了《工贸企业有限空间作业安全管理与监督暂行规定》。2014 年，为推进冶金、有色、建材、机械、轻工、纺织、烟草、商贸等行业（以下简称工贸行业）小微企业安全生产标准化工作制度化、规范化和科学化，依据《企业安全生产标准化基本规范》（AQ/T 90016，现已作废，现行为 GB/T 33000），原国家安全监管总局制定了《冶金等工贸行业小微企业安全生产标准化评定标准》（安监总管四［2014］17 号）。2016 年，原国家安全监管总局下发了《国家安全监管总局关于印发开展工贸企业较大危险因素辨识管控提升防范事故能力行动计划的通知》（安监总管四〔2016〕31 号）、《国家安全监管总局关于印发工贸行业遏制重特大事故工作意见的通知》（安监总管四〔2016〕68 号），要求冶金、有色、建材、机械、轻工、纺织等 6 个行业企业开展较大危险因素辨识管控、提升防范事故能力，并组织编写了《工贸行业较大危险因素辨识与防范指导手册（2016 版）》（简称《指导手册》）。《指导手册》紧密围绕冶金、有色、建材、机械、轻工、纺织 6 个工贸行业特点，对易发生较大以上事故和多发事故的生产场所、环节、部位和危险作业及检维修作业行为进行辨识，并提出针对性的防范措施，共包括 53 个小行业、578 个作业场所（环节/部位）和 955 个较大危险因素，基本涵盖了工贸 6 个行业所涉及的能够导致重特大、较大事故的危险因素。

各省（市、自治区）按照总局的要求相应下发了实施方案，要求建立健全《企业较大危险因素辨识管控责任制度》《企业较大危险因素辨识与防范信息表》《企业较大危险因素辨识与风险评估信息表》《企业较大危险因素风险库》等，加强对较大危险因素的辨识与管控。同时，山东省、河南省等印发了《工贸企业安全风险分级管控体系建设实施指南》《工贸企业隐患排查治理体系建设实施指南》。2017 年，为准确判定、及时整改工贸行业重大生产安全事故隐患，原国家安全监管总局制定了《工贸行业重大生产安全事故隐患判定标准（2017 版）》（安监总管四［2017］129 号）。

同时，安全监管部门对重大危险源、密集型作业场所、涉爆粉尘场所、涉及液氨等危险化学品使用的场所以及高温熔融金属吊运、冶金煤气、有限空间、动火等危险作业实施重点管控。在金属粉尘、人员密集的粉尘涉爆企业，推进湿法除尘工艺、作业空间物理隔离、“机械化换人、自动化减人”等方法，降低和消除风险。对钢铁企业安全生产状况五个方面的问题和隐患进行了重点整治，结合化解钢铁行业过剩产能，全面提高安全生产保障能力。对钢铁企业存在安全生产标准化未达到三级及以上等级、吊运钢水铁水与液态渣的起重机不符合冶金起重机相关要求、炼钢厂吊运高温熔融金属的铸造起重机未使用固定式龙门钩、人员聚集场所（包括会议室、活动室、休息室、更衣室等）设置在高温熔融金属吊运影响区域内、煤气柜与周边建筑物的防火间距不符合《建筑设计防火规范》（GB 50016）及《钢铁冶金企业设计防火标准》（GB 50414）标准要求等问题进行了专项整治等等。

通过安全生产标准化建设，推动了企业建立事故隐患排查治理制度，企业在创建工作中，紧紧抓住了事故隐患排查治理这个重要内容，消除了一大批安全隐患，有效提高了事故防范能力。企业通过创建工作，提高了安全操作技能，企业完善了事故隐患排查治理制度，及时发现隐患、消除隐患，做到了制度化、常态化和科学化。整体来看，目前企业安全管理以安全隐患排查治理体系建设为重点，以落实企业安全生产主体责任为主线，夯实安全管理基础。但企业安全管理有其明显特点，它涉及电气线路、机械设备、危险化学品、消防等诸多专业领域，而当前安全管理人员综合素质、专业技能、管理水平并不高，无法评估生产过程中各个流程、各个环节、不同类型和不同时期的安全风险，进而不能及时发现并消除、降低各类风险。

第三节　行业典型案例与分析

一、非煤矿山事故案例分析

通过《中国安全生产年鉴》非煤矿山事故案例统计，结合文献、网站等收集手段，对非煤矿山地下矿山、露天矿山及尾矿库典型重特大事故案例进行统计分析[15]。

1. 地下矿山典型案例统计分析

通过中国安全生产年鉴、官方发布、文献查找等统计典型事故12起，地下矿山事故案例统计情况见表2-1。通过分析事故特征，发现以下规律：

表2-1 地下矿山典型事故案例统计

事故时间	事故地点	事故形式	事故发生主要原因	伤亡情况
2019.2.23	内蒙古自治区西乌珠穆沁旗银漫矿业有限责任公司	井下运输事故	外包施工单位违法违规使用改装车并超载	22人死亡
2016.8.16	甘肃省张掖市酒钢集团宏兴钢铁股份有限公司西沟石灰石矿	火灾	斜坡道上部外包施工单位采用气焊处理冒顶作业，导致充填竹跳板、草垫和原木混合材料着火产生浓烟，造成9人中毒窒息死亡，企业盲目施救，又造成3名救援人员死亡	12人死亡，其中3人为救援人员
2015.12.25	山东省临沂市平邑县万庄石膏矿区	冒顶片帮	采空区经多年风化、蠕变，采场顶板垮塌不断扩展，使上覆巨厚石灰岩悬露面积不断增大，超过极限跨度后突然断裂，灰岩层积聚的弹性能瞬间释放形成矿震，引发相邻玉荣石膏矿上覆石灰岩垮塌，井巷工程区域性破坏，是造成事故的直接原因	1人死亡，13人失踪
2013.7.23	陕西省渭南市澄城县硫黄矿	火灾	该矿在2008年2月非煤矿山安全生产许可证到期未能延期换证的情况下，以改造完善硫铁矿生产系统为名，私自建设另一套采煤生产系统，长期、非法盗采煤炭资源，最终酿成井下重大火灾事故	9人死亡，1人失踪
2009.10.8	锡矿山闪星锑业有限责任公司	坠罐	由于企业安全管理和安全教育培训不严格，安全制度不落实，设备维护管理不完善，技术管理不到位导致的重大生产安全责任事故	26人死亡
2006.8.19	天德石膏矿	冒顶片帮	积累了大量未经处理的采空区，形成大面积顶板冒落的隐患；因稳定性差老采空区突然发生大面积整体垮塌	6人死亡，4人下落不明
2005.11.6	河北省邢台市尚汪庄石膏矿	冒顶片帮	尚汪庄石膏矿区已开采十多年，积累了大量未经处理的采空区，形成大面积顶板冒落的隐患；矿房超宽、超高开挖，导致矿柱尺寸普遍偏小；无序开采，在无隔离矿柱的康立石膏矿和林旺石膏矿交界部位，形成薄弱地带，受采动影响和蠕变作用的破坏，从而诱发了大面积采空区顶板冒落、地表塌陷事故	33人死亡，4人失踪
2004.11.20	河北省邢台市沙河市白塔镇章村李生文联办一矿	火灾	焊割下的高温金属残块渣掉落在井壁充填护帮的荆笆上，造成长时间阴燃，最后引燃井筒周围的荆笆及木支护等可燃物，引发井下火灾	70人死亡

续表

事故时间	事故地点	事故形式	事故发生主要原因	伤亡情况
2003.4.29	湖南省郴州市北湖区鲁塘镇积财石墨矿	透水	矿主违章指挥，基建期间违法组织生产，诱发透水	15人死亡
2002.4.6	陕西省蓝田县辋川乡中国核工业集团794矿	中毒与窒息	违章操作，重生产，轻安全	12人死亡，其中9人为救援人员
2001.7.9	贵州天柱县龙塘金矿	透水	与事故矿井相邻已停产的8个矿井积水几万立方米，并相互贯通，发现有透水预兆，没有采取撤离、躲避等断然的安全措施；事故矿井巷道与相邻矿的巷道安全距离不够，在水压作用下，酿成透水事故	18人死亡
2000.12.11	广西壮族自治区百色市龙川镇后龙山金矿	冒顶片帮	当地少数群众不顾政府禁令，偷挖政府已多次炸封严禁开采的金矿矿洞，造成洞内出现大面积采空区，在进入矿洞内后，见矿挖矿，把原留有的五条矿柱挖掉，这是导致大塌方事故的主要原因	20人死亡

(1) 事故死亡人数

从图2-1可知，地下矿山死亡人数在2004年和2009年占比最大，总的伤

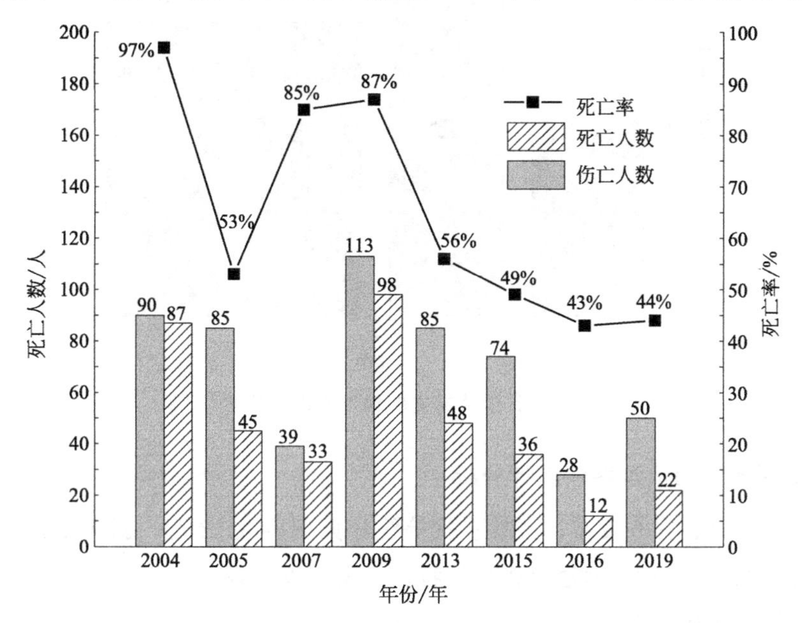

图2-1　地下矿山典型事故伤亡统计

亡人数也比较多，死亡率也相对较高；总体上来看，地下矿山事故的死亡率较高，平均在65%左右，充分说明虽然事故发生频次较少，但造成人员死亡的概率较高。

(2) 地下矿山事故类型

从表2-1可以看出地下矿山事故类型主要为井下火灾、透水、冒顶片帮等。如果发生上述事故，很大程度上就会造成严重的人员伤亡和经济损失。

(3) 地下矿山事故发生的季节

按照季节（在中国3～5月为春季，6～8月为夏季，9～11月为秋季，12月～来年2月为冬季）将事故做一个统计，如图2-2所示，可以看出地下矿山事故集中发生在夏季、秋季和冬季，在春季发生的频率较低。

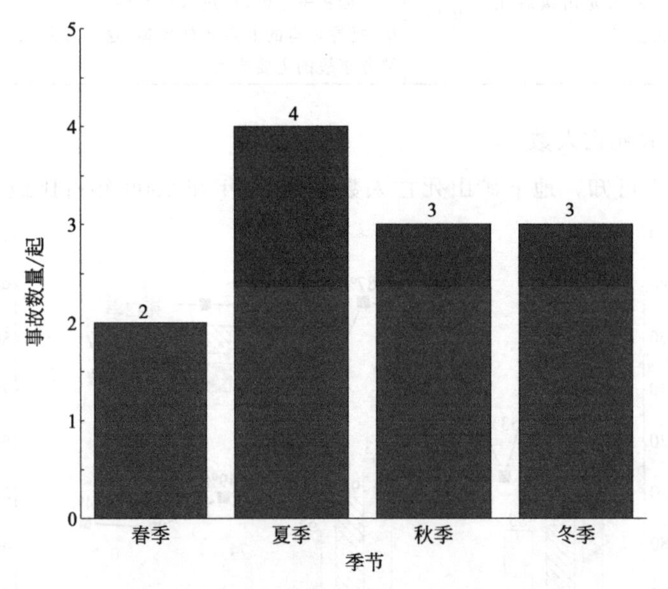

图2-2 各季节发生的地下矿山事故统计

2. 露天矿山典型案例统计分析

通过年鉴、官方发布、文献查找等统计典型事故12起，露天矿山事故案例统计情况见表2-2。通过分析事故特征，发现以下规律。

(1) 事故死亡人数

从图2-3可知，露天矿山死亡人数在2008年最多，总的伤亡人数也比较多，死亡率相对低；近年来死亡人数较低，但是死亡率较高，总体上来看，露天矿山事故的死亡率较高，平均在71%左右，充分说明虽然事故发生频次较少，但造成人员死亡的概率较高。

表 2-2　露天矿山典型事故案例统计

事故时间	事故地点	事故形式	事故发生的主要原因	死亡人数/人
2017.8.20	温州连平矿业公司	坍塌	事故是因280中段V122采场悬空，工人在清理采场时采场坍塌导致	3
2015.7.22	岳阳利宇矿业有限公司临湘市忠防镇中雁村王家山峰雁矿	爆炸	事故发生矿硐内爆破作业人员无“爆破作业人员许可证”违规作业，在与爆破无关人员未撤离爆破作业现场的情况下就进行爆破网络架设，同时事故发生矿硐内起爆线、连接线与其他电力线路布置不当，起爆线路与其他电力线路隔离不到位。动力和照明线路破损、芯线外露产生漏电，加之矿硐所在矿区有雷雨现象，雷电作用加强了电雷管网络内的杂散电流强度，致使5个已安装炸药、雷管的炮眼中3个炮眼提前爆炸	4
2012.8.27	广东省清远市英德市龙山采石场	火药爆炸	炸药配送卸货操作违规	10
2008.10.16	神华宁夏煤业集团有限责任公司大峰矿	放炮	一是爆破作业中，违反相关规定；二是火工品管理混乱；三是采取的硐室加强松动爆破作业技术上存在问题；四是甲乙双方工程承包机制不健全，甲方对乙方的施工安全监督管理不到位	16
2008.8.1	太原娄烦县境内的太钢尖山铁矿	坍塌	排土场边坡不稳定，明显处于失稳状态；不利的地形条件。产生移动的黄土山梁位于1632平台坡脚的东南部，北、东、南三面为沟谷，形成较为孤立的山梁。排土场地基承载力低。降水影响边坡稳定性。扒渣捡矿降低边坡稳定性	45
2004.10.18	四川省宇通矿山	放炮	矿山开采爆破作业违反了《建材矿山安全规程》的规定，未采用自上而下的台阶作业，实施的是不再采用的危险陡壁硐室爆破开采方式，且爆破没有按照《爆破安全规程》进行爆破设计，也无施工作业方案	14
2004.2.12	安陆市烟店镇双岭村镇鑫自然采石厂	坍塌	业主拒不执行国家法规、地方政府有关规定，擅自盲目开工	2
2003.11.12	贵州省兴仁县城关镇砂石场	坍塌	该砂石场属违法开采，场主张忠在开采过程中，无任何开采规划、方案，也无相应的安全措施，在不具备安全生产条件和没有安全保障的前提下，采用挖“神仙土”的方式擅自私挖滥采	11

续表

事故时间	事故地点	事故形式	事故发生的主要原因	死亡人数/人
2003.10.31	大连市甘井子区的大连FH石材厂	坍塌	矿区地质条件较差，违规爆破作业进一步降低采场稳定性导致坍塌	3
2003.4.11	新疆自治区哈密矿务局露天矿	运输事故	违规操作	3
2001.9.6	贵州省六盘水市新窑乡	滑坡	该采石场无证非法开采，并违反乡镇露天矿场安全生产的规定。没有按规范进行开采，破坏了山体的平衡。不执行乡政府的停产通知，违规冒险作业	15
2001.7.31	江西省乐平市塔前镇	坍塌	违反国家法律法规	28

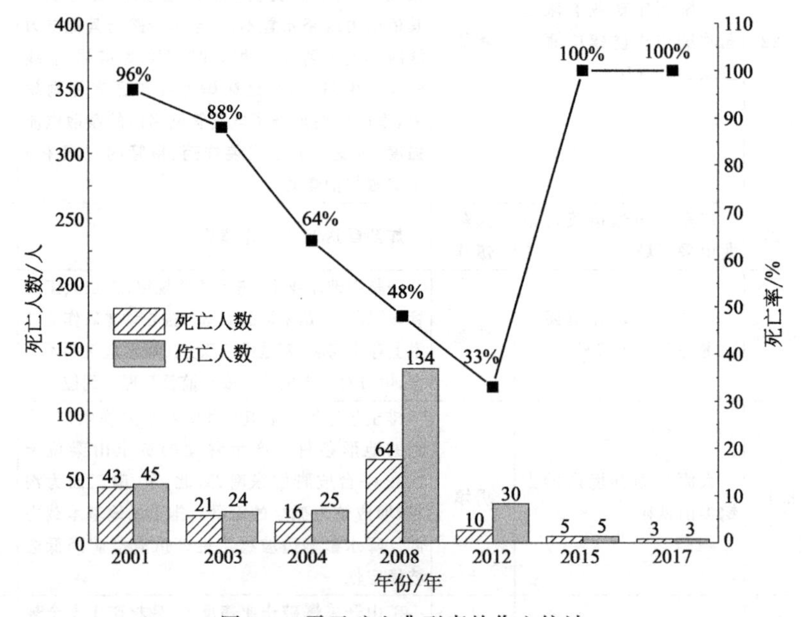

图 2-3 露天矿山典型事故伤亡统计

(2) 露天矿山事故类型

从表 2-2 可以看出露天矿山事故类型主要为放炮和坍塌。如果发生上述事故，很大程度上就会造成严重的人员伤亡和经济损失。

(3) 露天矿山事故发生的季节

按照季节（在中国 3～5 月为春季，6～8 月为夏季，9～11 月为秋季，12 月～来年 2 月为冬季）将事故做一个统计，如图 2-4 所示，可以看出露天矿山事故集中发生在夏季和秋季，在春季和冬季发生的频率较低。因为冬季多为春节假期，露天矿山停产检修，因此事故较少，春季之后，死亡人数和事故起数明显呈上升趋势。

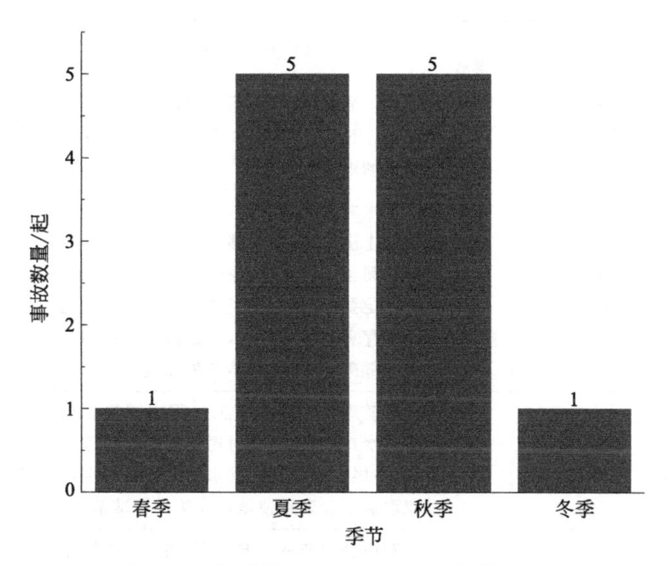

图 2-4　各季节发生的露天矿山事故统计

3. 尾矿库典型案例统计分析

通过年鉴、官方发布、文献查找等统计典型事故 11 起，尾矿库事故案例统计情况见表 2-3。通过分析事故特征，发现以下规律：

（1）事故死亡人数

从图 2-5 可知，尾矿库死亡人数在 2008 年和 2019 年占比最大，总的伤亡人数也比较多，死亡率也相对较高；总体上来看，尾矿库事故的死亡率较高，平均在 0.70 左右，充分说明虽然事故发生频次较少，但造成人员死亡的概率较高。

（2）尾矿库事故类型

从表 2-3 可以看出尾矿库事故类型主要为溃坝，说明尾矿坝是整个尾矿库中最危险的单元。如果发生溃坝事故，很大程度上就会造成严重的人员伤亡和经济损失。

（3）尾矿库事故发生的季节

按照季节将事故做一个统计，如图 2-6 所示，可看出的尾矿库事故集中发生在春季、夏季和秋季，在冬季发生的频率较低。因为冬季多为春节假期，尾矿库停产检修，因此事故最少，春季之后，死亡人数和事故起数明显呈上升趋势，秋季达到最高峰。

表 2-3 尾矿库典型事故案例统计

事故时间	事故地点	事故形式	事故发生主要原因	伤亡情况
2017.3.12	湖北省黄石市大冶铜绿山尾砂库	溃坝	坝体质量存在问题，事故造成溃口约200m，下泄尾矿约20万立方米，淹没下游鱼塘近400亩	造成2人死亡，1人失踪
2011.12.4	湖北省郧西县柳家沟尾矿库	泄漏	排水井筒采用砖砌，未按设计要求使用混凝土浇筑，强度不够。一号排水井封堵于井筒顶部，不符合应封堵于排水井底部的规定要求，加之封堵厚度不足，随着尾砂堆存和坝体的升高，导致封堵断裂和井筒上部破坏，发生尾砂流失和泄漏	未造成人员伤亡
2010.9.21	广东信宜紫金矿业尾矿库	溃坝	尾矿库排水井在施工过程中被擅自抬高进水口标高、企业对尾矿库运行管理不规范；尾矿库设计标准水文参数和汇水面积取值不合理致使尾矿库防洪标准偏低	18人死亡，17人受伤，25人失踪
2008.9.8	山西省襄汾新塔矿业尾矿库	溃坝	新塔公司非法违规建设、生产，致使尾矿堆积坝坡过陡。采用库内铺设塑料防水膜防止尾矿水下渗和黄土贴坡阻挡坝内水外渗等错误做法，导致坝体发生局部渗透破坏，使处于极限状态的坝体失去平衡、整体滑动，造成溃坝。新塔公司无视国家法律法规，非法违规建设尾矿库并长期非法生产，安全生产管理混乱。地方各级政府有关部门不依法履行职责，对新塔公司长期非法采矿、非法建设尾矿库和非法生产运营等问题监管不力，少数工作人员失职渎职、玩忽职守。地方各级政府贯彻执行国家相关政策和法律法规不力，未依法履行职责，领导干部失职渎职、玩忽职守	277人死亡，33人受伤，4人失踪
2007.11.25	辽宁省鞍山市选矿厂尾矿库	溃坝	擅自加高坝体，改变坡比，造成坝体超高、边坡过陡，超过极限平衡，致使最大坝高处坝体失稳，引发深层滑坡溃坝。设计单位管理不规范，建设单位严重违反设计施工，施工单位管理混乱，监理单位失职，验收评价机构不认真、不负责，安全生产许可工作审查把关不严	13人死亡，3人失踪，39人受伤(4人重伤)

续表

事故时间	事故地点	事故形式	事故发生主要原因	伤亡情况
2007.5.18	山西宝山矿业有限公司	溃坝	尾矿库排洪管断裂，回水浸蚀坝体，导致坝体逐步松软并最终溃塌；企业未按设计要求堆积子坝，擅自将中线式筑坝方式改为上游式筑坝方式，且尾矿坝外坡比超过规定要求，造成坝体稳定性降低；企业安全投入不足，未按规定铺设尾矿坝排渗反滤层；在增加选矿能力时，没有按要求对尾矿排放进行安全论证	未造成人员伤亡
2006.8.15	太原市娄烦县尾矿库	溃坝	未设置排渗排水设施，加上坝体浸润线随降雨集中短期增高；违规建设和运营，缺乏安全管理措施，有关职能部门监管不力	6人死亡，1人失踪，21人受伤
2006.4.30	陕西省黄金矿业有限责任公司尾矿库	溃坝	无正规扩容设计，未经批准，违法实施加高坝体扩容工程；违规超量排放尾矿，库内尾砂升高过快，尾砂固结时间缩短；安全超高、排水不畅，干滩长度严重不足；忽视危库周边安全管理，下游民房离尾矿库过近	22人死亡，17人失踪
2006.4.23	河北迁安庙岭沟铁矿尾矿库溃坝事故	溃坝	老尾矿库副坝发生溃坝主要原因是管理松懈、违章经营	6人死亡
2000.10.18	广西南丹县鸿图选矿厂	垮坝	基础坝不透水，在基础坝与后期堆积坝之间形成一个抗剪能力极低的滑动面尾矿库，长期人为蓄水过多，干滩长度不够，致使坝内尾砂含水饱和、坝面沼泽化，坝体始终处于浸泡状态而得不到固结，严重违反基本建设程序，审批把关不严；企业急功近利，降低安全投入，超量排放尾砂，人为使库内蓄水增多；尾砂粒径过小，导致透水性差，不易固结；业主、从业人员和政府部门监管人员没有经过专业培训，安全意识差。安全生产责任制不落实，未及时发现隐患	28人死亡，56人受伤

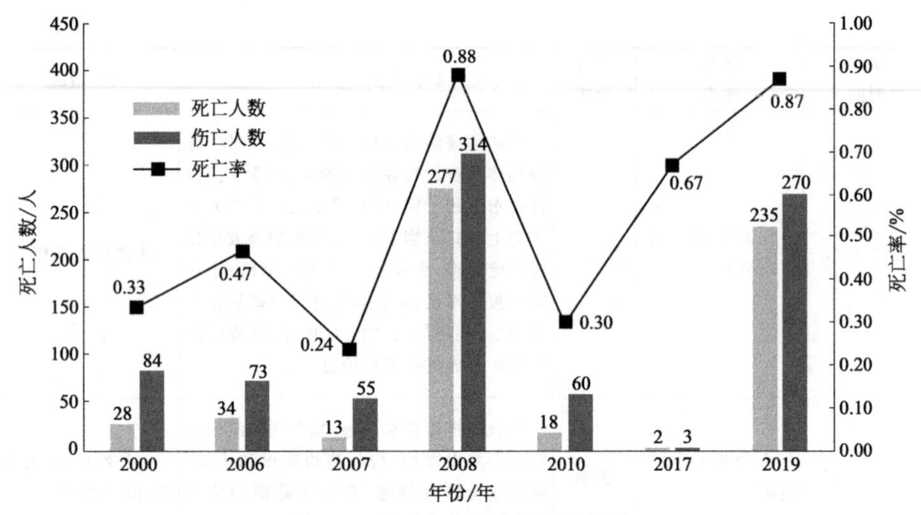

图 2-5 尾矿库典型事故伤亡统计

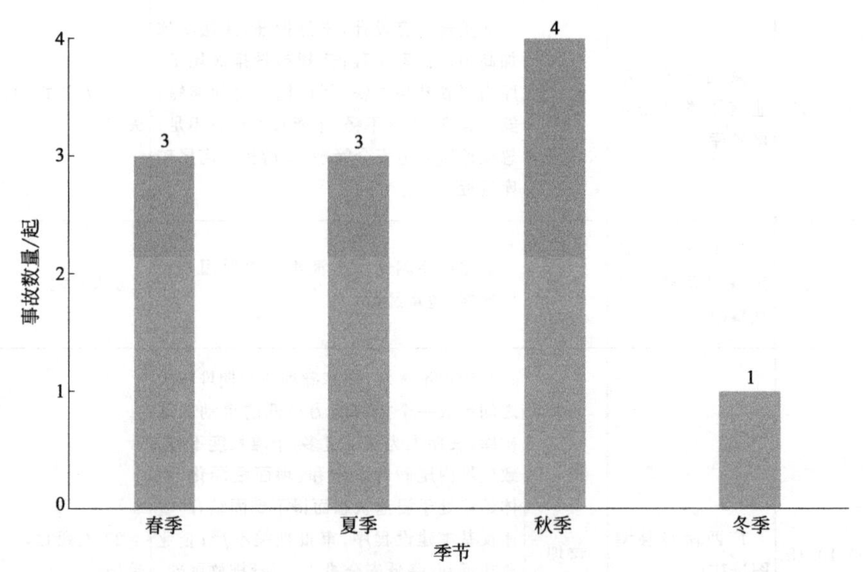

图 2-6 各季节发生的尾矿库事故统计

二、工贸行业事故案例分析

1. 事故在各行业中的分布情况

2010 年至 2020 年以来，全国工贸行业发生事故具有总量大、频次高、重大事故多等特点，发生事故的企业主要集中在建材、轻工等行业；事故类型以有限空间作业事故、粉尘爆炸事故和涉氨事故三大类事故为主。据统计2010～2017年，全国工贸行业共发生有限空间作业较大以上事故112起，死亡426人，分别占工贸行业较大以上事故的43.1%和42.0%。2005～2015年，我国粉尘爆炸事故发生72起，死亡262人，受伤634人。2007～2015年我国共发生氨泄漏事故187起，造成174人死亡，1686人中毒，近万人疏散，主要集中在非化工企业，尤以氨制冷企业为最多。

整理和分析了2010～2020年99例工贸行业较大及以上事故案例。统计结果如图2-7和图2-8所示，分析结果如表2-4所示。

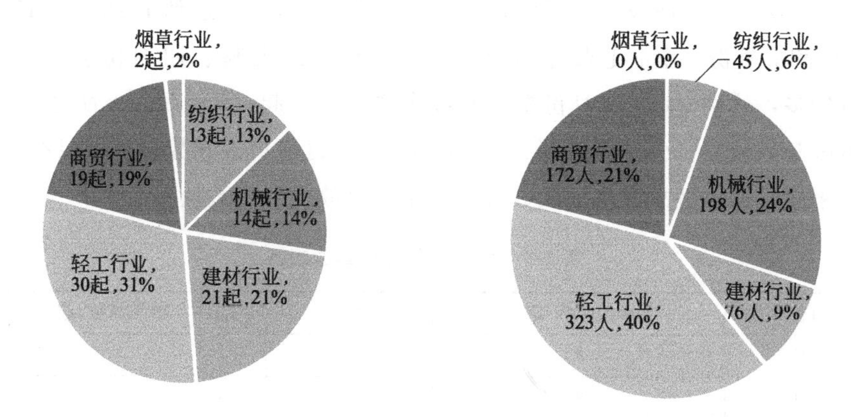

图2-7 事故起数在各子行业中的占比情况　　图2-8 死亡人数在各子行业中的占比情况

表2-4 工贸行业事故伤亡人数、事故起数、经济损失情况

所属子行业	死亡人数/人	受伤人数/人	经济损失/万元	事故起数/起
纺织行业	45	5	3308.58	13
机械行业	198	278	3521345.38	14
建材行业	76	26	15308.22	21
轻工行业	323	292	20522.91	30
商贸行业	172	87	17369	19
烟草行业	0	0	0	2

从事故起数看，轻工子行业事故发生次数最多，占整个工贸行业事故的31%，其次是建材行业和商贸行业，分别占整个工贸行业的21%和19%，机械行业和纺织行业的事故起数相对较少，分别占14%、13%；从死亡人数看，轻工行业的死亡人数最多，占整个工贸行业死亡人数的40%，其次是机械行

业和商贸行业，分别占 24%和 21%，建材行业和纺织行业事故死亡人数相对较少，分别占 9%和 6%；从累计造成的经济损失来看，机械行业事故造成的经济损失最大，达到 3521345.38 万元，其次是轻工行业，累计经济损失达到 20522.91 万元，最后是商贸行业和建材行业，纺织行业和烟草行业事故造成的经济损失相对较少。

2. 事故在月份上的分布情况

从微观时间层面，对工贸行业事故发生规律进行统计分析，结果如表 2-5 和图 2-9 所示。事故发生最多的月份是 4 月份、8 月份，达到了 12 起；其次是 5 月份和 7 月份，事故起数达到 10 起；1 月份、10 月份、12 月份事故发生起数也较多，达到 9 起；3 月份事故起数次之，为 8 起；6 月份、9 月份、11 月份事故起数较少，分别为 6 起、6 起和 5 起；2 月份事故起数最少，只有 3 起。总体来看，夏季事故发生的次数最多，年中事故发生次数较多。

表 2-5 每月工贸行业事故起数

月份	事故起数/起	月份	事故起数/起
1 月	9	7 月	10
2 月	3	8 月	12
3 月	8	9 月	6
4 月	12	10 月	9
5 月	10	11 月	5
6 月	6	12 月	9

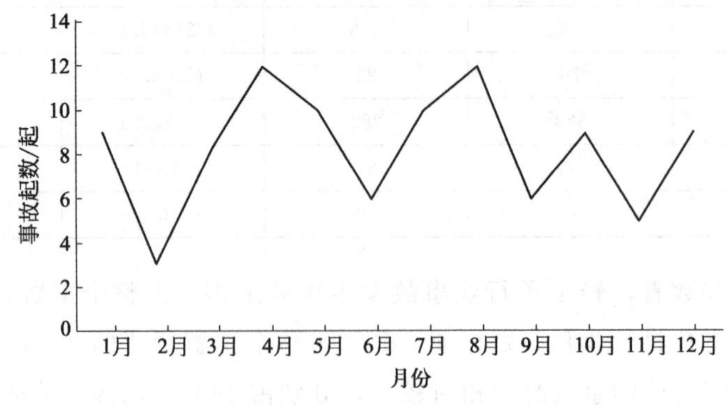

图 2-9 事故起数在月份上的分布情况

3. 工贸行业事故在年份上的分布情况

从宏观时间层面，对工贸行业事故进行统计分析，统计分析的结果如图2-10和表2-6、表2-7所示。从经济损失来看，2014年的累计经济损失最高，达到3517589.13万元，2013年次之；其次是2018年和2019年，累计经济损失也超过11100万元；2010年、2015年、2016年、2017年、2020年经济损失相对较少，但也都在千万元以上；2011年经济损失最少，仅达300万元。

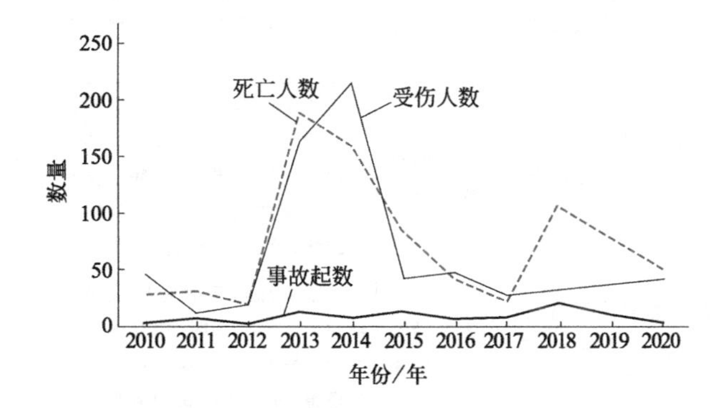

图2-10 工贸事故死亡受伤人数、起数情况

表2-6 每年工贸行业事故伤亡人数、事故起数、经济损失情况

年份	死亡人数/人	受伤人数/人	经济损失/万元	事故起数/起
2010	29	47	1773	4
2011	31	12	300	7
2012	19	19	不全	3
2013	190	163	13709.06	12
2014	159	216	3517589.13	8
2015	85	42	9555.33	14
2016	42	48	3941	7
2017	22	29	2072.8	8
2018	106	32	11125.17	21
2019	80	38	11994.6	11
2020	51	42	5794	4

表 2-7 工贸行业典型重特大事故案例统计

事故时间	事故名称	事故类型	所属行业	事故原因	伤亡人数	事故等级
2014 年 8 月 2 日	江苏省昆山市中荣金属制品有限公司"8·2"特别重大爆炸事故	火灾爆炸	机械行业	事故车间未按规定清理除尘系统，铝粉尘集聚在管道内形成粉尘云，遇高温后引发爆炸	97 人死亡 163 人受伤	特别重大
2013 年 6 月 3 日	吉林省长春市宝源丰禽业有限公司"6·3"特别重大火灾爆炸事故	火灾爆炸	轻工行业	电气线路短路，引燃可燃物(不合格的保温材料)，高温导致氨设备和管道发生物理爆炸，氨泄漏介入燃烧	121 人死亡 76 人受伤	特别重大
2020 年 3 月 7 日	福建泉州市欣佳酒店"3·7"重大坍塌事故	坍塌事故	商贸行业	违法将建筑物由原四层增加改建成七层，超过极限承载能力并处于坍塌临界状态；底层支承钢柱违规加固焊接引发钢柱失稳破坏，致建筑物整体坍塌	29 人死亡 42 人受伤	重大事故
2019 年 9 月 29 日	浙江省宁波锐奇日用品有限公司"9·29"重大火灾事故	火灾爆炸	轻工行业	员工将加热后的异构烷烃混合物倒入塑料桶时，因静电引起可燃蒸气起火；建筑存在重大安全隐患；安全生产管理混乱	19 人死亡 3 人受伤	重大事故
2018 年 12 月 17 日	河南省华航现代农牧产业集团有限公司"12·17"重大火灾事故	火灾爆炸	轻工行业	气焊工作人员不具备特种作业资质、未履行动火审批手续、未落实现场监护措施、违规进行气焊切割作业，在切割金属管道时引发火灾	11 人死亡	重大事故
2018 年 8 月 25 日	黑龙江省哈尔滨北龙汤泉酒店生产经营性重大火灾	火灾事故	商贸行业	二期温泉区二层平台靠近西墙北侧顶棚悬挂的风机盘管机组电气线路短路，形成高温电弧，引燃周围塑料绿植装饰材料并蔓延成灾	20 人死亡	重大事故
2016 年 4 月 13 日	广东省东莞东江口预制构件厂"4·13"起重机倾覆重大事故	物体打击	机械行业	起重机遭遇到特定方向的强对流天气突袭；起重机夹轨器处于非工作状态；起重机出轨遇阻碍倾覆；住人集装箱组合房处于起重机倾覆影响范围内	18 人死亡 33 人受伤	重大事故
2015 年 10 月 10 日	安徽省芜湖"2015.10.10"重大瓶装液化石油气泄漏燃烧爆炸事故	爆炸事故	商贸行业	经营者张宝平操作不当、应急处置不当，相关企业安全生产主体责任不落实	17 人死亡	重大事故
2015 年 2 月 6 日	"2·5"惠东义乌商场火灾事故	火灾事故	商贸行业	男孩于 2 月 5 日 13 时 47 分在该商场四楼 4040 店铺前用打火机玩火，引起货品燃烧并蔓延	17 人死亡 1 人受伤	重大事故

续表

事故时间	事故名称	事故类型	所属行业	事故原因	伤亡人数	事故等级
2014年12月31日	广东省富华工程机械制造有限公司"12·31"重大爆炸事故	火灾爆炸	机械行业	事故车间流入车轴装配总线地沟内的稀释剂挥发产生的可燃气体与空气混合形成爆炸性混合物，遇现场电焊作业产生的火花引发爆炸	18人死亡 32人受伤	重大事故
2014年11月16日	潍坊市寿光市龙源食品有限公司"11·16"重大火灾事故	火灾爆炸	轻工行业	制冷系统供电线路敷设不规范、系统超负荷运转、线路老化，导致电线短路、引燃聚氨酯泡沫；厂房存在安全隐患	18人死亡 13人受伤	重大事故
2014年3月26日	揭阳普宁市军埠镇莲坛村内衣作坊重大火灾事故	火灾事故	纺织行业	郑某某用其父亲抽烟留下的打火机玩火，引燃一楼堆放的海绵内衣罩杯半成品堆垛所致	12人死亡 5人受伤	重大事故
2013年12月11日	2013年深圳市"12·11"重大火灾事故	火灾爆炸	轻工行业	荣健市场的自制冷藏室空气冷却器电源线路短路引燃商铺内可燃物蔓延成灾	16人死亡 5人受伤	重大事故
2013年8月31日	上海翁牌冷藏实业有限公司"8·31"重大氨泄漏事故	火灾爆炸中毒	轻工行业	违规采用热氨融霜方式；严重焊接缺陷的单冻机回气集管管帽脱落	15人死亡 7人重伤 18人轻伤	重大事故
2012年8月5日	温州市瓯海区"8·5"铝粉尘爆炸重大事故	粉尘爆炸	机械行业	生产过程中铝粉尘发生爆炸导致坍塌并燃烧	13人死亡 15人受伤	重大事故
2011年7月12日	武汉东神轿车有限公司重大火灾事故	火灾爆炸	机械行业	着火仓库内部，违规搭建多层，存在巨大火灾隐患；工人缺乏安全教育和安全意识	14人死亡 多人受伤	重大事故
2010年2月24日	河北秦皇岛骊骅淀粉股份有限公司"2·24"粉尘爆炸事故	粉尘爆炸	轻工行业	车间粉尘爆炸所致	21人死亡 47人受伤	重大事故

从事故起数和伤亡人数来看，2013年事故死亡人数最多，高达190人，2014年次之，达159人；其次是2018年，死亡人数也达到106人；2015年和2019年事故死亡人数也达到了80人；2017年事故死亡人数最少，仅22人。就受伤人数来看，2014年事故受伤人数最多，高达216人，2013年受伤人数次之，为163人；其次是2010年、2015年、2016年，受伤人数均超过了40

人；其余年份事故受伤人数相对较少。但是，从事故起数来看，2018 年事故起数最多，有 21 起；2013 年、2015 年、2019 年也超过了 10 次，其余年份则相对较少，只有数起。总的来看，事故起数、死亡人数、受伤人数在年份上的走势基本一致，在 2013 年、2014 年达到峰值，2015 年大幅下降，2018 年又小幅上升，2018 年后又小幅下降。

总的来说，轻工行业事故发生起数最多，死亡人数最多，造成的经济损失也较大；机械行业事故起数虽相对较少，但是死亡的人数和造成的经济损失较大；商贸行业事故起数较多，事故造成的死亡人数和经济损失也较多；建材行业事故起数多，但事故造成的死亡人数和经济损失相对较小；纺织行业事故起数少，造成的死亡人数和经济损失也较小。

三、金属冶炼行业事故案例分析

根据历年金属冶炼企业事故案例情况，事故主要集中在冶金企业中。冶金是从矿物中提取金属或其化合物制成金属材料的过程。冶金企业一般包括矿山、烧结、焦化、耐火、炼铁、炼钢、轧钢、有色金属冶炼及加工、能源动力、氧气、其他辅助配套厂等。2016 年，我国粗钢产量 8.08 亿吨，占全球比例为 49.6%，虽然面临去产能、环保等问题，但是冶金行业依然是我国国民经济的重要基础产业，在经济建设中具有不可替代的作用。同时，冶金企业生产链长、复杂，涉及高温熔融金属、易燃易爆和有毒有害气体、高能高压设备、危险矿井及尾矿库等很多有较大风险的危险因素，容易引发安全生产事故。据统计，2016 年，全国 31 家大型冶金企业共发生伤亡事故 424 起，其中死亡事故 23 起，死亡 36 人，平均千人死亡率 0.039。总体上来看，冶金行业安全生产形势持续稳定好转，但较大和重大事故时有发生，依旧需重点管控[8,16]。

（一）冶金企业事故案例分析

1. 伤亡事故统计

对 2010～2016 年全国主要冶金企业的事故起数、伤亡人数、各工序的分布、主要事故类别进行了统计，并对这些数据进行了汇总分析。

2010～2016 年全国主要冶金企业的事故起数见表 2-8。

表 2-8 2010～2016 年全国主要冶金企业的事故起数汇总表

年份	统计家数	死亡			重伤			轻伤		
		起数/起	人数/人	平均千人死亡率	起数/起	人数/人	平均千人重伤率	起数/起	人数/人	平均千人轻伤率
2010	31 家	36	38	0.032	26	30	0.025	536	550	0.517
2011	36 家	35	48	0.43	18	18	0.016	410	417	0.428
2012	36 家	39	56	0.049	32	41	0.037	374	391	0.354
2013	34 家	37	44	0.04	60	65	0.06	598	627	0.63
2014	34 家	40	41	0.04	26	26	0.02	502	531	0.53
2015	38 家	29	35	0.332	17	19	0.0265	421	425	0.3896
2016	39 家	23	36	0.039	24	28	0.03	377	409	0.474

2010～2016 年统计的事故起数分别为 598、463、445、695、568、467、424，伤亡人数分别为 618、483、488、736、598、479、473，变化趋势见图 2-11 和图 2-12。总体上事故起数和伤亡人数均呈下降趋势。

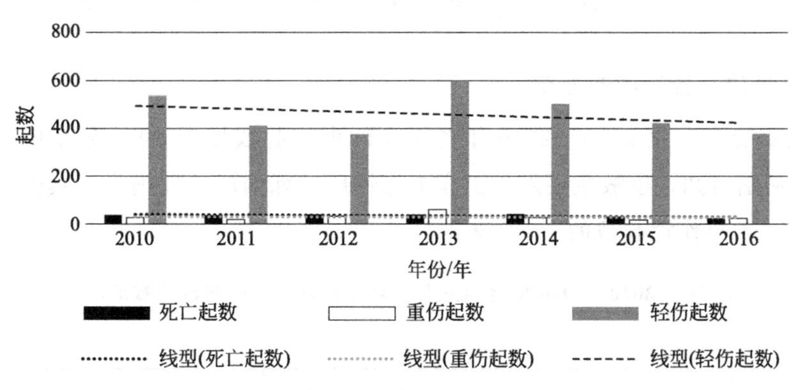

图 2-11 全国主要冶金企业事故起数随年份变化的趋势图

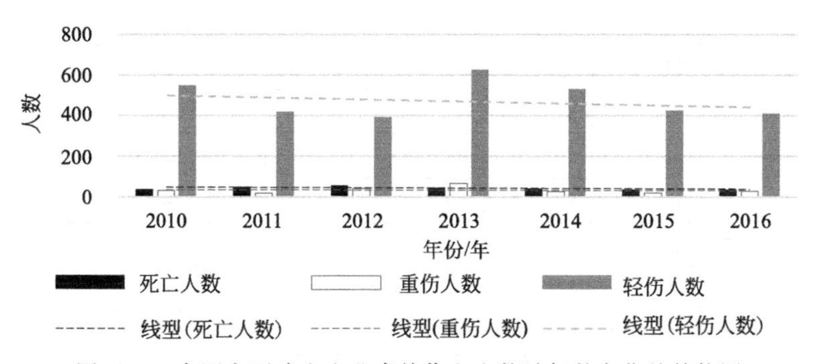

图 2-12 全国主要冶金企业事故伤亡人数随年份变化的趋势图

根据统计数据，2010～2016 年全国主要冶金企业的平均千人伤亡率的变化趋势见图 2-13。总体而言平均千人伤亡率有下降趋势。

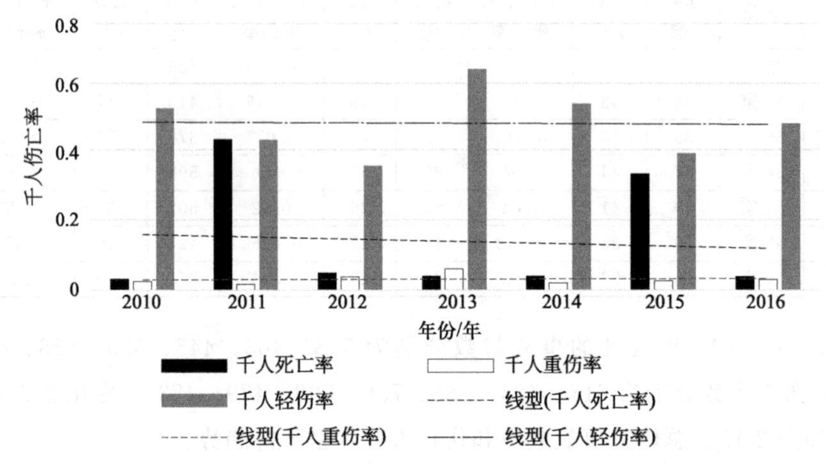

图 2-13　全国主要冶金企业事故平均千人伤亡率随年份变化的趋势图

2. 事故在各工序的分布

主要冶金企业 2010～2016 年各工序的事故起数见表 2-9，分布情况见图 2-14。从图可知，事故主要发生工序为炼铁厂、炼钢厂、轧钢厂、其他辅助生产部门，占总伤亡起数的 77.19%。

表 2-9　2010～2016 年全国主要冶金企业各工序的事故起数汇总表

单位：起

年份/年	矿山	烧结	焦化	耐火	炼铁	炼钢	轧钢	供热	供电	氧气	燃气	铁合金	建筑	其他辅助生产	其他部门
2010	45	0	16	7	67	99	88	6	2	3	2	10	50	141	10
2011	16	14	19	4	62	69	74	0	6	4	0	12	32	104	23
2012	12	8	19	0	47	55	103	1	10	2	0	10	27	118	16
2013	16	7	11	6	77	110	104	0	11	0	0	3	24	173	23
2014	19	8	11	2	73	97	89	0	12	0	0	4	24	163	15
2015	14	7	15	0	74	70	81	0	5	1	1	0	18	85	9
2016	19	5	7	0	53	45	37	0	5	3	0	1	17	57	5
合计	141	49	98	19	453	545	576	7	51	13	3	40	192	841	101

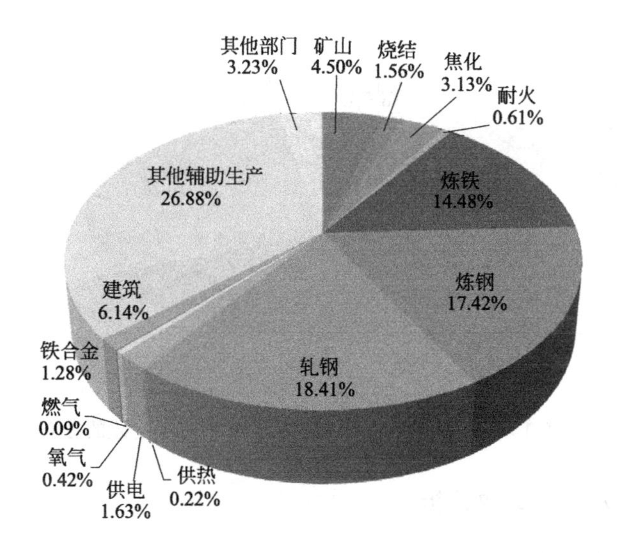

图 2-14　全国主要冶金企业事故起数在各工序的分布

3. 事故的主要类别

主要冶金企业 2010～2016 年各类事故发生起数见表 2-10，分布情况见图 2-15。从图 2-15 可知，主要事故类别为：机械伤害、高处坠落、物体打击、起重伤害、灼烫、其他伤害，占总伤亡起数的 87.41%。

表 2-10　2010～2016 年全国主要冶金企业事故类别发生起数汇总表

单位：起

年份/年	物体打击	提升、车辆伤害	机械伤害	起重伤害	触电	淹溺	灼烫	火灾	高处坠落	冒顶片帮	其他爆炸	中毒窒息	其他伤害
2010	36	15	33	24	5	0	18	0	26	1	1	15	61
2011	22	2	34	13	4	0	12	0	18	0	0	5	14
2012	8	1	25	10	5	0	9	0	6	0	0	5	7
2013	22	3	27	9	1	0	16	0	24	0	0	9	32
2014	40	4	39	15	1	0	19	0	39	0	0	13	41
2015	4	5	25	12	3	1	9	1	8	0	0	4	17
2016	18	2	15	2	4	0	3	1	11	2	1	6	10
合计	150	32	198	85	23	1	86	2	132	3	2	57	182

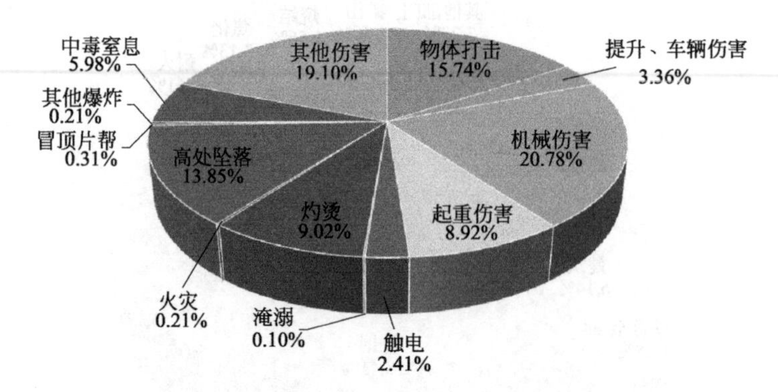

图 2-15　全国主要冶金企业各类事故发生起数的分布

（二）较大以上事故分析

1. 熔融金属事故[17]

金属冶炼行业近年发生的较大以上事故的类型及主要原因有以下几种。

① 高温熔融物遇水爆炸。如：高炉干渣坑积水，排渣时高温熔渣遇水爆炸；混铁炉出铁时因倾炉机构故障铁水外溢，接触潮湿地面发生爆炸；转炉氧枪冷却水内漏，遇高温渣爆炸；电炉使用前未烘炉、使用时残余水分经高温蒸发在钢水内积聚造成爆炸；铸造钢水遇铸模内的渗水、积水或附近的积水、泄漏的冷却水发生汽化爆炸。

② 高温熔融物吊运过程中坠落。如：铁水包吊装时双板钩单侧脱落致铁水包侧翻；钢水包吊运时起重机控制系统故障，钢水包失控坠落；钢水包起吊前确认不足、挂钩未挂好，吊运过程中脱钩坠落。

③ 高温熔融物从熔炼炉或铸造机泄漏。如：高炉停炉作业时，操作不当，使炭砖失去冷却壁保护支撑，发生塌落，致炉内铁水大量涌出；铸造机模具缺陷、顶盖脱落，发生钢水外洒。

④ 高温熔融物熔炼炉被封闭，内压增大致爆炸。如：电炉冷却水内漏，违章盖炉，致炉内产生的蒸汽无法排出而爆炸；电炉或中频炉结盖、处理不当致炉封闭、炉内气体压力剧增发生爆炸。

2. 煤气事故[19]

冶金企业煤气近十年发生的较大以上事故的类型主要为两类，煤气中毒事故和煤气火灾、爆炸事故，其中，煤气中毒事故较多。

（1）煤气中毒事故的原因分析

① 设备制造和安装缺陷。因使用不合格设备、管道或阀门附件安装不规范，设备、管道和阀门附件上存在裂纹、凹陷、缺损、焊缝夹渣和应力集中等隐患，在正常生产过程中会发生煤气泄漏。

② 安全保护失效。安全阀未按规定定期进行校验，存在失效的可能，在荷压下控制失效，超压情况下不能安全泄压。超过设备、管道耐压极限发生爆裂，导致煤气泄漏。由于系统超压、超温、流量过大或液位过低等操作条件控制不当，引起管道设备内的煤气泄漏。

③ 设备、管道在长期使用过程中，由于腐蚀、振动、填料或机封磨损外伤、疲劳极限等原因，局部机械强度减弱，造成隐患，进而导致输送煤气的管道、管件、阀门或设备发生泄漏。

④ 密封部件失效。阀门、法兰等密封点因垫片老化破损，密封圈磨损，紧固件松动断裂而造成密封失效，导致煤气从密封点泄漏。

⑤ 设备维护、检修时，由于场所、设备或管道没有进行气体置换，或置换不合格，作业人员可能吸入残余的煤气而发生中毒事故。

⑥ 作业人员未佩戴防护用具进入煤气大量泄漏的空间进行抢险，可能引起中毒事故[18]。

⑦ 煤气放散管高度不够或设置位置产生窝风，可能造成作业人员吸入放散的气体，引起中毒事故。

⑧ 煤气压缩、输送等系统中，若管道、阀门、设备损坏等均可能引起煤气泄漏。

（2）煤气火灾、爆炸事故的原因分析

① 煤气管道检修作业时未按要求进行吹扫，空气进入煤气系统，形成爆炸危险环境，遇到激发能而引发爆炸。

② 煤气柜等火灾爆炸环境未使用防爆电器，煤气泄漏后与空气形成爆炸性混合物，遇电气火花会引起爆炸。

③ 违章动火作业、违规携带火种进入禁火区、机动车辆进入煤气区未戴防火罩等均可引发煤气火灾、爆炸。

（三）较大以上典型事故案例[20]

金属冶炼企业较大以上典型事故案例见表 2-11。

表 2-11 金属冶炼企业较大以上典型事故案例

事故时间	事故名称	事故类型	事故原因	伤亡人数	事故等级
2019 年 5 月 29 日	方大特钢科技股份有限公司二号高炉“5·29”煤气上升管爆裂较大事故	其他伤害	高炉在处理异常炉况过程中，炉内压力瞬间陡升，造成煤气上升管波纹补偿器爆裂，炉内大量高温焦炭从爆裂处喷出，掉落在出铁场平台	6 人死亡 4 人受伤	较大事故
2018 年 5 月 17 日	南阳汉冶特钢有限公司“5·17”钢锭模较大钢水喷爆事故	其他伤害（高温熔融金属）	由于滑板安装和滑板操作等多方面原因，下水口漏钢，在处置模铸钢包滑板机构钢流失控过程中，部分钢水落到铸锭模的水冷软管上，致使水冷软管石棉保护层破损，水冷软管烧穿，冷却水喷溅到铸锭模内，与钢水混合接触，迅速汽化发生喷爆	4 人死亡 11 人受伤	较大事故
2017 年 9 月 29 日	烟台昊源机械铸造有限公司“9·29”较大钢水喷爆事故	其他伤害（高温熔融金属）	中频炉冷炉时加入钢水，长时间保温且一直没有加热，也没有及时清脏透气，造成结盖。结盖与炉内钢水液面之间形成空腔，违规直接将中频炉快速升温熔炼，熔炼产生的气体由于结盖阻挡无法排放，导致炉内的压力急剧增大，炉内沸腾的高压钢水、气体从间隙喷溅，喷溅后的炉内钢水回落，空腔内压力迅速下降进入空气，空气与空腔内可燃气体混合后发生爆炸，冲击波推动炉内沸腾的高压钢水喷爆	3 人死亡 4 人受伤	较大事故
2016 年 4 月 1 日	临沂三德特钢有限公司“4·1”较大铁水外溢爆炸事故	其他伤害（高温熔融金属）	混铁炉出铁过程中失控，造成铁水外溢，外溢铁水与受铁坑潮湿地面或积水接触，引发水蒸气急剧膨胀发生爆炸	3 人死亡 3 人受伤	较大事故
2014 年 10 月 13 日	怒江鼎盛冶化有限公司“10·13”高温熔体爆炸事故	其他伤害（高温熔融金属）	冶炼电炉水冷烟道冷却水泄漏，进入冶炼电炉，有关人员违章指挥进行盖火作业，加入炉内的盖火料不断烧结、固化，导致前期泄漏进入冶炼电炉的冷却水遇高温熔体产生的大量蒸汽无法释放，发生爆炸，高温熔渣和物料等喷出	4 人死亡 8 人重伤	较大事故

续表

事故时间	事故名称	事故类型	事故原因	伤亡人数	事故等级
2013年4月1日	新余钢铁集团有限公司“4·1”较大转炉爆炸事故	其他伤害（高温熔融金属）	2号转炉在吹炼过程中发现氧枪结瘤卡枪，检修前摇炉工未将转炉摇转到位，钳工切割氧枪时氧枪冷却管内残留的冷却水流入转炉炉底，在炉渣表层冷却形成积水，直接转动转炉，导致水与底部热渣混合，瞬间汽化，体积急剧膨胀发生爆炸	4人死亡 28人受伤	较大事故
2013年4月17日	连云港巨隆特钢公司“4·17”较大钢水喷爆事故	其他伤害（高温熔融金属）	新电炉使用前未进行烤炉，导致炉内和炉底耐火砖在砌筑过程中残余的水分经高温蒸发后渗入钢水内部积聚，压力持续增大，产生喷爆	3人死亡 1人受伤	较大事故
2013年7月22日	玉溪仙福钢铁公司“7·22”较大熔渣爆炸事故	其他伤害（高温熔融金属）	2号高炉出铁后，主渣沟落渣口段堵塞，再次出铁时启用备用干渣池，由于干渣池无排水设施，在池底有积水的情况下，熔渣流入干渣池后，产生大量高温蒸汽后发生爆炸	3人死亡 2人受伤	较大事故
2012年2月20日	鞍钢重型机械有限责任公司铸钢厂“2·20”重大爆炸事故	其他伤害（高温熔融金属）	在浇铸水轮机转轮下环时，由于地坑渗水没有及时发现，导致砂床底部积水，在钢水浇注过程中，积水遇钢水迅速汽化，蒸汽急剧膨胀，压力骤增，发生爆炸	13人死亡 17人受伤	重大事故
2012年12月17日	上海宝钢股份公司“12·17”较大铁水包倾翻事故	其他伤害（高温熔融金属）	行车在吊运270吨铁水包时，发生双板钩单侧脱落，致使铁水包侧翻	3人死亡 12人受伤	较大事故
2011年10月5日	南京钢铁股份有限公司“10·5”铁水外流重大事故	其他伤害（高温熔融金属）	高炉停炉准备时在预休风阶段就将炉皮开口处的冷却壁取下使炭砖失去冷却壁保护支撑，且将水喷到发红炭砖上，使炭砖收缩产生裂缝，在复风降料线时，当热风压力加大时，原来承压能力已处于临界状态的炭砖无法继续承受高炉内部铁水产生的静压以及复风的热风压力而瞬时塌落，使得炉内高温铁水大量涌出	12人死亡 1人受伤	重大事故

续表

事故时间	事故名称	事故类型	事故原因	伤亡人数	事故等级
2009年1月17日	山东青岛市华冶铸钢有限公司“1·17”钢水喷炉灼烫事故	其他伤害（高温熔融金属）	人员违章指挥、违章作业，错误地向炉内倒入钢水，使炉膛下部形成密闭容器，封闭在铸件冒口料下面的气体和夹杂燃烧产生的气体不能排出，造成高温加热过程中气体压力急剧增大，发生钢水喷炉	4人死亡 1人重伤	较大事故
2007年4月18日	辽宁省铁岭市清河特殊钢有限公司“4·18”钢水包倾覆特别重大事故	其他伤害（高温熔融金属）	炼钢车间吊运钢水包的起重机主钩在下降作业时，控制回路中的一个联锁常闭辅助触点锈蚀断开，致使驱动电动机失电；电气系统设计缺陷，制动器未能自动抱闸，导致钢水包失控下坠；制动器制动力矩严重不足，未能有效阻止钢水包继续失控下坠，钢水包撞击浇注台车后落地倾覆，钢水涌向被错误选定为班前会地点的工具间	32人死亡 6人重伤	特别重大事故
2007年8月19日	山东魏桥创业集团有限公司“8·19”铝液外溢爆炸重大事故	其他伤害（高温熔融金属）	当班生产时，1号混合炉放铝口炉眼砖内套（材质为碳化硅）缺失，导致炉眼变大，铝液失控后，大量熔融铝液溢出溜槽，流入1号普通铝锭铸造机分配器南侧的循环冷却水回水坑，在相对密闭空间内熔融铝液遇水产生大量蒸汽，压力急剧升高，能量聚集发生爆炸	16人死亡 59人受伤	重大事故
2006年11月8日	江苏省无锡永强轧辊有限公司“11·8”钢水外洒事故	其他伤害（高温熔融金属）	为离心铸造机配套的工装模具顶盖连接螺栓强度不足，当钢水注入工装模具时，离心浇注所产生的向上推力引起连接螺栓失效，8个螺栓中的7个被拉断，1个脱扣，导致工装模具顶盖脱落，发生钢水外洒	8人死亡 21人受伤	较大事故
2018年2月5日	广东韶钢松山股份有限公司“2·5”煤气中毒较大事故	中毒窒息	高炉发生煤气泄漏事故	8人死亡 10人受伤	较大事故
2018年12月15日	赤峰远联钢铁有限责任公司“12·15”赤峰煤气泄漏事故	中毒窒息	高炉检修完毕进行抽堵盲板作业时，蝶阀没有关，就打开夹紧，造成煤气失控	4人死亡 13人受伤	较大事故

续表

事故时间	事故名称	事故类型	事故原因	伤亡人数	事故等级
2018年1月31日	贵州首钢水城钢铁(集团)有限责任公司"1·31"煤气中毒较大事故	中毒窒息	由于隔断煤气的蝶阀水封失效,大量高压高炉煤气通过蝶阀、击穿水封,经过管道进入锅炉炉内,并扩散至锅炉周边,造成作业人员伤亡,盲目施救造成监护人员伤亡,导致伤亡扩大	9人死亡 2人受伤	较大事故
2017年8月3日	鄂州德胜钢铁有限公司"8·3"较大煤气中毒事故	中毒窒息	违规使用高炉煤气点火生产,在气烧石灰窑煤气低压报警及联锁等安全设备设施缺失的情况下,烘窑操作不当,窑内煤气燃烧过程中异常熄灭且无法复燃,煤气从石灰窑下部出料口持续外泄,操作人员在无个人防护、无报警监测仪器的状态下盲目靠近石灰窑,导致事故发生	3人死亡 6人受伤	较大事故
2016年12月28日	抚顺新钢铁有限责任公司"12·28"煤气中毒较大事故	中毒窒息	煤气管线大修排污管阀门以上的管内存水,使排污管长时间受到腐蚀出现漏洞,导致煤气泄漏弥散在空气中,由于当日特定的气象条件,造成高浓度煤气从汽轮机操作室窗户缝隙渗入室内,造成3名员工中毒身亡	3人死亡	较大事故
2013年1月16日	攀钢集团成都钢钒有限公司"1·16"煤气中毒事故	中毒窒息	炼铁厂在完成炼铁竖炉烘干筒的检修并向竖炉送煤气后,1名检修人员进入竖炉烘干筒导致煤气中毒,另有5名现场作业人员先后进入烘干筒内盲目施救,又相继中毒,导致事故扩大	4人死亡 2人受伤	较大事故
2012年2月23日	宝钢集团上海梅山钢铁股份有限公司"2·23"煤气中毒较大事故	中毒窒息	施工人员在不了解回流管道内存在煤气的情况下,将加压站至煤气柜回流管盲板处的法兰螺栓拆除,导致盲板下移,致使回流管道内的煤气倒灌进入煤气柜,造成煤气柜内作业人员煤气中毒	6人死亡 7人受伤	较大事故

续表

事故时间	事故名称	事故类型	事故原因	伤亡人数	事故等级
2011年6月11日	常州市中岳铸造厂“6・11”煤气中毒事故	中毒窒息	中岳铸造厂处理冲天炉顶部故障过程中，发生1人中毒事故，在未可靠切断并采取防护措施的情况下，盲目施救，施救人员又相继中毒，导致事故扩大	6人死亡 1人受伤	较大事故
2010年1月18日	河北内丘顺达冶炼公司“1・18”煤气中毒事故	中毒窒息	停产检修的2号高炉与生产运行的1号高炉未进行可靠的隔断；2号高炉检修前未对2号高炉净煤气总管的盲板阀是否可靠切断进行有效的安全确认；检修施工人员在进入炉内作业前，未按规定对炉内是否存在煤气等有害气进行检测；双方未制定检修方案及安全技术措施，均未明确专职安全人员对检修现场进行监护作业	6人死亡	较大事故
2010年1月4日	河北武安市普阳钢铁公司“1・4”煤气中毒事故	中毒窒息	在2号转炉煤气回收系统不具备使用条件的情况下，割除煤气管道中的盲板，U形水封未按图纸施工，存在设备隐患，U形水封排水阀门封闭不严，水封失效，且没有采取U形水封与其他隔断装置并用的可靠措施，导致事故发生	21人死亡 9人受伤	重大事故
2009年8月24日	山西临汾市志强钢铁有限公司“8・24”煤气中毒事故	中毒窒息	没有严格执行厂部专题会议决定，操作3号盲板阀时，没有对4号盲板阀进行完全切断，错误地判断煤气管道内没有压力。在3号盲板阀生锈打不开的情况下，作业人员违章砸阀门时，造成大量煤气涌出。作业人员没有佩戴安全防毒面具	3人死亡 1人受伤	较大事故
2008年12月24日	河北省遵化市港陆钢铁有限公司“12・24”重大煤气泄漏事故	中毒窒息	一是在高炉工况较差的情况下，加入了含有冰雪的落地料，导致崩料时出现爆燃，除尘器瞬时超压，泄爆板破裂，造成大量煤气泄漏。二是生产工艺落后，设备陈旧，作业现场缺乏必要的煤气监测报警设施，没有及时发现煤气泄漏，盲目施救导致事故扩大。三是隐患排查治理不认真。事故发生前，炉顶温度波动已经较大，多次发生滑尺，但没有进行有效治理，仍然进行生产，导致事故发生	17人死亡 27人受伤	重大事故

四、危险化学品企业事故案例分析

我国是世界第一化工大国，危险化学品种类繁多，由于“高温、高压、易燃易爆、有毒有害、连续作业、链长面广、能量集中”的行业特点，近年来危险化学品重特大事故时有发生，这些事故不仅暴露出企业安全管理及应急处置中存在的薄弱环节和漏洞，还造成恶劣的社会影响，特别是天津港“8·12”瑞海国际物流有限公司危险品仓库特别重大火灾爆炸事故、江苏响水天嘉宜化工有限公司“3·21”特别重大爆炸事故等，人员伤亡和财产损失惨重，教训深刻。

以下事故案例分析针对的是我国1979年至2019年发生的40起重大和特别重大危险化学品事故案例[3,20]。

1. 典型事故案例分析

(1) 事故发生的时期

40起重大和特别重大危险化学品事故案例中，31起发生在生产过程中，8起发生在检修过程中，1起发生在开车过程中。事故发生的时间分布见图2-16。

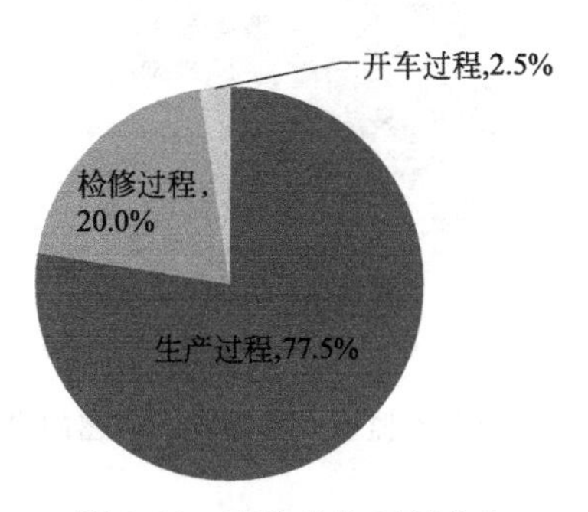

图2-16 事故发生时间分布

(2) 事故发生的场所

40起重大和特别重大危险化学品事故案例中，26起发生在生产场所，12起发生的储存场所（4起发生在仓库，8起发生在储罐区），1起发生在旧厂址，1起发生在车间办公室。事故发生的场所分布见图2-17。

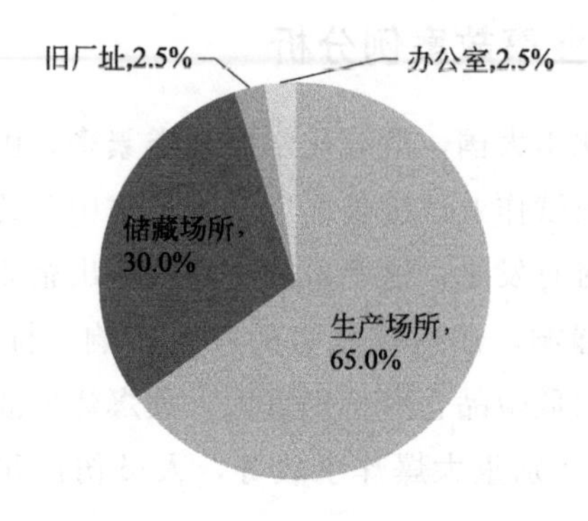

图 2-17 事故发生的场所分布

(3) 涉及重点监管的危险化工工艺事故

40 起重大和特别重大危险化学品事故案例中，11 起涉及重点监管的危险工艺，29 起不涉及重点监管的危险工艺。涉及重点监管的危险化工工艺的事故情况见图 2-18。

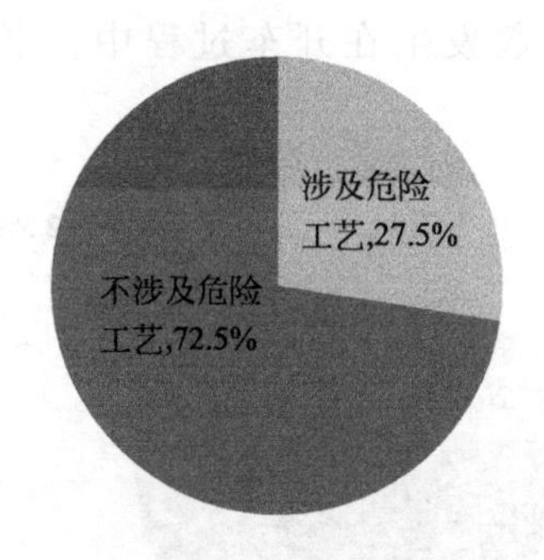

图 2-18 涉及重点监管的危险化工工艺的事故情况

(4) 事故等级

40 起重大和特别重大危险化学品事故案例中，重大事故有 31 起，特别重大事故有 9 起。事故等级分布见图 2-19。

(5) 事故类型

40 起重大和特别重大危险化学品事故案例中，1 起容器爆炸、中毒事故，1 起火灾、中毒窒息事故，2 起中毒事故，2 起爆炸事故，1 起铝粉爆炸事故，

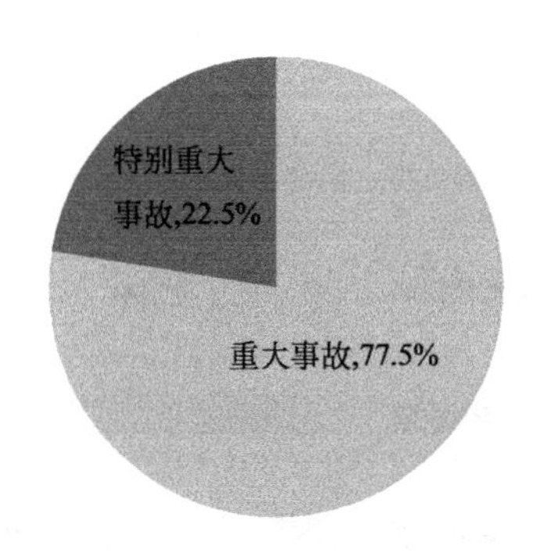

图 2-19 事故等级分布

33 起火灾、爆炸事故。事故类型分布见图 2-20。

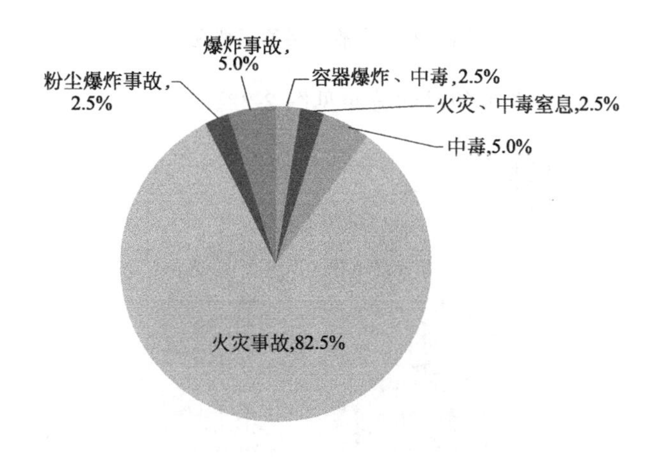

图 2-20 事故类型分布

(6) 事故主要原因

40 起重大和特别重大危险化学品事故案例中，存在设计缺陷的事故有 9 起，存在违章操作、违章指挥、操作失误的事故有 24 起，存在管理缺陷的事故有 40 起，存在设备质量缺陷的有 11 起，存在应急救援不当的有 2 起（造成事故后果更加严重）。事故主要原因情况见图 2-21。

(7) 事故发生的时间

40 起重大和特别重大危险化学品事故案例中，1970～1979 年有 2 起，1980～1989 年有 7 起，1990～1999 年有 8 起，2000～2009 年有 6 起，2010～

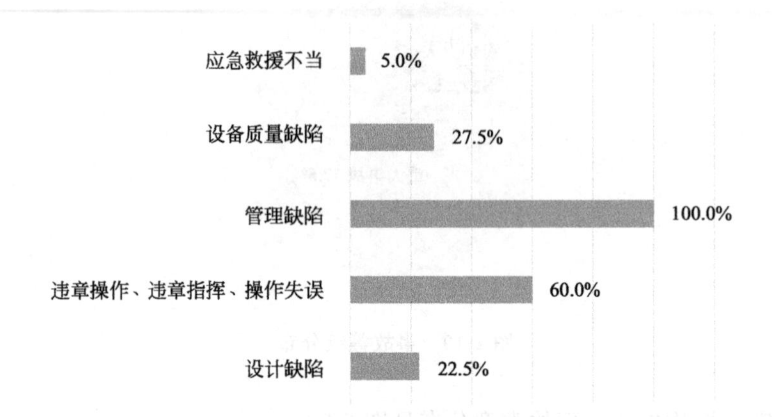

图 2-21 事故主要原因情况

2019 年有 17 起。事故发生的时间分布见图 2-22。

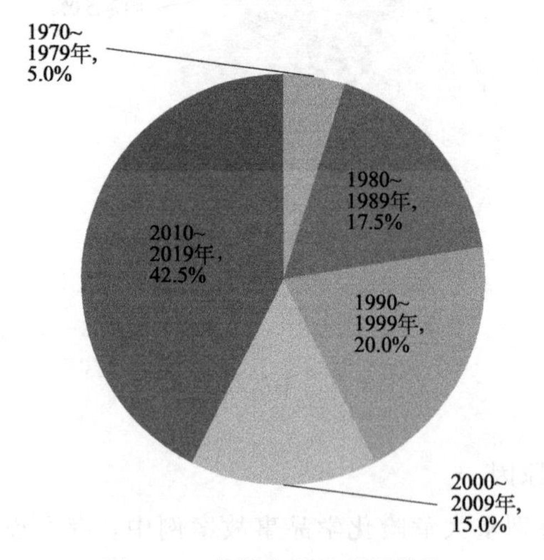

图 2-22 事故发生的时间分布

通过以上事故案例分析可见，77.5%的重特大危险化学品事故是在生产过程中发生的；65%的重特大危险化学品事故发生在生产场所；30%的重特大危险化学品事故发生在储存场所；27.5%的重特大危险化学品事故涉及重点监管的危险化工工艺；82.5%的重特大危险化学品事故为火灾爆炸事故；60%的重特大危险化学品事故与违章操作、违章指挥、操作失误等人为因素有关。42.5%的重特大危险化学品事故发生在2010～2019年这10年间，说明随着国民经济的快速发展，化工企业也迅速发展，生产规模日趋扩大，使用危险化学品的企业也在不断增加，导致重特大危险化学品事故在近10年间也增加很多。

2. 重大及以上典型事故案例

重特大危险化学品事故案例汇总见表2-12。

表2-12 重特大危险化学品事故案例汇总表

事故发生时间	事故名称	事故主要原因及发生事故的工艺、设备名称	事故发生场所及事故类型	事故后果	涉及的危险工艺	事故分级
1979年9月7日	浙江省温州电化厂液氯工段"9·7"液氯钢瓶爆炸事故	事故原因:设计工艺缺陷,违章操作,管理缺陷。 发生事故的工艺、设备名称:液氯钢瓶	生产场所 爆炸、中毒	死亡59人 中毒779人 直接经济损失63万元	—	特大
1979年12月18日	吉林省吉林市煤气公司"12·18"液化气站球罐破裂爆炸事故	事故原因:设备施工质量缺陷,管理缺陷。 发生事故的工艺、设备名称:液化石油气球罐	生产场所 火灾爆炸	死亡36人 重伤50人 直接经济损失627万元	—	特大
1982年3月9日	福建省福鼎市制药厂"3·9"冰片车间汽油爆炸事故	事故原因:操作失误,管理缺陷,应急救援不当。 发生事故的工艺、设备名称:冰片制作工艺	生产场所 火灾爆炸	死亡65人 受伤35人 直接经济损失39万元	—	特大
1984年3月31日	河北省保定石油化工厂"3·31"渣油罐焊接作业爆炸事故	事故原因:违章操作,管理缺陷。 发生事故的工艺、设备名称:渣油罐	储存场所、检修 火灾爆炸	死亡16人 重伤6人 直接经济损失45万元	—	重大
1987年5月4日	重庆市长寿化工总厂污水池"5·4"爆炸事故	事故原因:违章操作,管理缺陷。 发生事故的工艺、设备名称:污水池	生产场所 火灾爆炸	死亡12人 受伤6人 直接经济损失151.22万元	—	重大
1988年10月22日	上海高桥石化炼油厂"10·22"液化气爆燃事故	事故原因:违章操作,管理缺陷。 发生事故的工艺、设备名称:液化气球罐区	储存场所 火灾爆炸	死亡26人 烧伤15人	—	重大

续表

事故发生时间	事故名称	事故主要原因及发生事故的工艺、设备名称	事故发生场所及事故类型	事故后果	涉及的危险工艺	事故分级
1988年11月23日	吉林延吉化肥厂"11·23"中毒事故	事故原因：设计缺陷，管理缺陷。 发生事故的工艺、设备名称：水煤气泄漏	办公室、检修 中毒	死亡16人	—	重大
1989年8月12日	山东黄岛油库"8·12"重大火灾事故	事故原因：设计缺陷、设备质量缺陷、管理缺陷。 发生事故的工艺、设备名称：油罐	储存场所 火灾爆炸	死亡19人 轻伤100多人 直接经济损失3540万元	—	重大
1989年8月29日	辽宁本溪草河口化工厂"8·29"爆炸事故	事故原因：操作失误，管理缺陷。 发生事故的工艺、设备名称：聚合反应	生产场所 火灾爆炸	死亡12人 重伤2人 轻伤2人	聚合工艺	重大
1991年2月9日	辽宁省辽阳市庆阳化工厂"2·9"爆炸事故	事故原因：设备缺陷，管理缺陷。 发生事故的工艺、设备名称：TNT生产线	生产场所 火灾爆炸	死亡17人 重伤13人 轻伤94人 直接经济损失2000万元	硝化工艺	重大
1993年6月26日	河南郑州市食品添加剂厂"6·26"库房过氧化苯甲酰爆炸事故	事故原因：违章作业，厂房布局设计缺陷，管理缺陷。 发生事故的工艺、设备名称：过氧化苯甲酰库房	储存场所 火灾爆炸	死亡27人 受伤33人 直接经济损失300万元	—	重大
1993年8月5日	广东省深圳市清水河危险化学品仓库"8·5"特大爆炸火灾事故	事故原因：违章操作，管理缺陷。 发生事故的工艺、设备名称：危险化学品仓库	储存场所 火灾爆炸	死亡15人 重伤25人 轻伤175人 直接经济损失2.5亿元	—	特大
1993年8月23日	山东莘县炼油厂"8·23"油罐爆炸事故	事故原因：违章操作、管理缺陷。 发生事故的工艺、设备名称：油罐	储存场所，检修 火灾爆炸	死亡10人 重伤4人 轻伤2人	—	重大
1996年6月26日	天津大华化工厂"6·26"化工原料爆炸事故	事故原因：厂房设计缺陷，管理缺陷，应急救援不当。 发生事故的工艺、设备名称：厂房内化工原料	生产场所 火灾爆炸	死亡19人 重伤4人 轻伤14人 直接经济损失120万多元	—	重大

续表

事故发生时间	事故名称	事故主要原因及发生事故的工艺、设备名称	事故发生场所及事故类型	事故后果	涉及的危险工艺	事故分级
1997年6月27日	北京东方化工厂“6·27”罐区特大火灾爆炸事故	事故原因：操作失误，管理缺陷。 发生事故的工艺、设备名称：轻柴油罐	储存场所 火灾爆炸	死亡9人 受伤39人 直接经济损失1.17亿元	—	特大
1998年1月6日	陕西省兴化集团公司“1·6”硝酸铵爆炸事故	事故原因：设计缺陷，管理缺陷。 发生事故的工艺、设备名称：硝酸铵生产系统	生产场所 火灾爆炸	死亡22人 受伤58人 直接经济损失7000万元	硝化工艺	重大
1998年3月5日	陕西西安市煤气公司“3·5”液化石油气泄漏事故	事故原因：设备缺陷，管理缺陷。 发生事故的工艺、设备名称：液化石油气球罐	生产场所 火灾爆炸	死亡11人 受伤31人	—	重大
2000年7月2日	山东青州潍坊弘润石化助剂总厂“7·2”油罐爆炸事故	事故原因：违章操作，管理缺陷。 发生事故的工艺、设备名称：油罐	储存场所、检修 火灾爆炸	死亡10人 直接经济损失200万元	—	重大
2000年8月21日	某钢铁公司制氧厂“8·21”空分塔燃烧事故	事故原因：违章操作，管理缺陷。 发生事故的工艺、设备名称：空分塔	生产场所 火灾爆炸	死亡22人 重伤7人 轻伤17人 直接经济损失320万元	—	重大
2005年11月13日	中国石油吉化双苯厂“11·13”爆炸事故	事故原因：违章操作，操作失误，管理缺陷。 发生事故的工艺、设备名称：硝基苯精制	生产场所 火灾爆炸	死亡8人 受伤60人 直接经济损失6908万元	硝化工艺	重大
2006年7月28日	江苏射阳盐城氟源化工公司临海分公司“7·28”氯化塔爆炸事故	事故原因：操作失误，管理缺陷。 发生事故的工艺、设备名称：氯化反应塔	生产场所 爆炸	死亡22人 重伤3人 轻伤26人	氯化工艺	重大
2006年8月7日	天津宜坤精细化工公司“8·7”爆炸事故	事故原因：操作失误，管理缺陷。 发生事故的工艺、设备名称：硝化车间反应釜	生产场所 爆炸	死亡10人 受伤3人	硝化工艺	重大

续表

事故发生时间	事故名称	事故主要原因及发生事故的工艺、设备名称	事故发生场所及事故类型	事故后果	涉及的危险工艺	事故分级
2008年8月26日	广西壮族自治区河池市广维化工股份有限公司"8·26"爆炸事故	事故原因：设计缺陷，操作失误，管理缺陷。 发生事故的工艺、设备名称：储存合成工段醋酸和乙炔合成反应液的CC-601系列储罐	生产场所 火灾爆炸	死亡21人 受伤59人	聚合工艺	重大
2010年7月28日	江苏南京"7·28"丙烯管道泄漏爆燃事故	事故原因：操作失误，管理缺陷。 发生事故的工艺、设备名称：丙烯管道	旧厂址丙烯管道，拆除施工 火灾爆炸	死亡22人 受伤120人	—	重大
2011年11月19日	山东新泰联合化工有限公司"11·19"爆燃事故	事故原因：操作失误，管理缺陷。 发生事故的工艺、设备名称：道生油（导生油）冷凝器	生产场所，检修 火灾爆炸	死亡15人 受伤4人 直接经济损失1890万元	—	重大
2012年2月28日	河北赵县克尔化工有限公司"2·28"爆炸事故	事故原因：设备缺陷，管理缺陷。 发生事故的工艺、设备名称：硝酸胍生产	生产场所 火灾爆炸	死亡29人 受伤46人 直接经济损失4459万元	硝化工艺	重大
2013年8月31日	上海翁牌冷藏实业有限公司"8·31"重大氨泄漏事故	事故原因：设备质量缺陷、违章操作，管理缺陷。 发生事故的工艺、设备名称：液氨制冷设备	生产场所 中毒	死亡15人 重伤7人 轻伤18人	—	重大
2013年10月8日	山东省博兴县诚力供气有限公司"10·8"重大爆炸事故	事故原因：设备缺陷，违章指挥，管理缺陷。 发生事故的工艺、设备名称：稀油密封干式煤气柜	储存场所 火灾爆炸	死亡10人 受伤33人 直接经济损失3200万元	—	重大
2013年11月22日	山东省青岛市"11·22"中石化东黄输油管道泄漏爆炸特别重大事故	事故原因：设备缺陷，管理缺陷。 发生事故的工艺、设备名称：输油管道	输油管道 火灾爆炸	死亡62人 受伤136人 直接经济损失7.5亿元	—	特大

续表

事故发生时间	事故名称	事故主要原因及发生事故的工艺、设备名称	事故发生场所及事故类型	事故后果	涉及的危险工艺	事故分级
2014年8月2日	江苏省苏州昆山市中荣金属制品有限公司“8·2”特别重大爆炸事故	事故原因：厂房设计缺陷、工艺设备缺陷、管理缺陷。 发生事故的工艺、设备名称：除尘器	生产场所 铝粉爆炸	死亡97人 受伤163人 直接经济损失3.51亿元	—	特大
2015年4月6日	福建漳州腾龙芳烃（漳州）有限公司“4·6”爆炸着火事故	事故原因：设备质量缺陷，管理缺陷。 发生事故的工艺、设备名称：二甲苯装置	生产场所、开车 火灾爆炸	受伤6人 直接经济损失9457万元	—	重大
2015年8月12日	天津港“8·12”瑞海公司危险品仓库特别重大火灾爆炸事故	事故原因：管理缺陷。 发生事故的工艺、设备名称：危险品仓库	储存场所 火灾爆炸	死亡165 失踪8人 重伤58人 轻伤740人 直接经济损失68.66亿元	—	特大
2015年8月31日	山东东营滨源化学有限公司“8·31”爆炸事故	事故原因：违章指挥，管理缺陷。 发生事故的工艺、设备名称：混二硝基苯装置	生产场所 火灾爆炸	死亡13人 受伤25人 直接经济损失4326万元	硝化工艺	重大
2017年6月5日	山东临沂金誉石化有限公司“6·5”爆炸着火事故	事故原因：操作失误，管理缺陷。 发生事故的工艺、设备名称：液化气罐车在卸车栈台卸料	储存场所 火灾爆炸	死亡10人 受伤9人	—	重大
2017年12月9日	江苏连云港聚鑫生物公司“12·9”重大爆炸事故	事故原因：设计缺陷，管理缺陷。 发生事故的工艺、设备名称：二氯苯生产装置	生产场所 火灾爆炸	死亡10人 轻伤1人	硝化工艺、氯化工艺	重大
2018年7月12日	四川省宜宾恒达科技有限公司“7·12”重大爆炸事故	事故原因：操作失误，管理缺陷。 发生事故的工艺、设备名称：咪草烟生产装置	生产场所 火灾爆炸	死亡19人 受伤12人 直接经济损失4142余万元	—	重大
2018年11月28日	河北张家口中国化工集团盛华化工公司“11·28”重大爆燃事故	事故原因：设备缺陷，管理缺陷。 发生事故的工艺、设备名称：氯乙烯气柜	生产场所 火灾爆炸	死亡24人 受伤21人	氯化工艺	重大

续表

事故发生时间	事故名称	事故主要原因及发生事故的工艺、设备名称	事故发生场所及事故类型	事故后果	涉及的危险工艺	事故分级
2019年3月21日	江苏响水天嘉宜化工有限公司"3·21"特别重大爆炸事故	事故原因：管理缺陷。 发生事故的工艺、设备名称：旧固废库	储存场所 火灾爆炸	死亡78人 重伤76人 直接经济损失19.86亿元	—	特大
2019年4月15日	济南齐鲁天和惠世制药有限公司"4·15"重大着火中毒事故	事故原因：违章操作，管理缺陷。 发生事故的工艺、设备名称：冷媒增效剂	生产场所，检修 火灾、中毒窒息	死亡10人 受伤12人 直接经济损失1867万元	—	重大
2019年7月19日	河南省三门峡市河南煤气集团义马气化厂"7·19"重大爆炸事故	事故原因：管理缺陷。 发生事故的工艺、设备名称：空分装置及液氧储罐	生产场所 火灾爆炸	死亡15人 重伤16人	—	重大

五、烟花爆竹企业事故案例分析

2006～2017年间，全国共发生烟花爆竹亡人事故900起，死亡2048人。其中：一般事故714起，死亡855人；较大事故169起，死亡916人；重大事故16起，死亡240人；特别重大事故1起，死亡37人[21,22]。

1. 事故总体情况分析

我国烟花爆竹事故不论是事故总起数，还是较大及以上级别的事故起数，总体均呈下降趋势。

如图2-23所示，2015年发生事故约50起，仅为2006年的三分之一；与之相关联的死亡人数也在逐年减少，2006年事故造成的死亡人数接近300人，而到2016年、2017年已经控制在100人以内。可见，国家近些年对于烟花爆竹产业严格的安全监管取得了实质性效果。

2. 事故发生地域分析

统计结果显示，2006～2017年间，全国共有24个省（区、市）发生烟花爆竹事故，其中湖南是我国烟花爆竹事故最频发的省份，共发生事故276起，占全国的事故比例高达33%，其余事故多发省份依次为江西、安徽、广西、河南、四川，如图2-24所示。仅湖南、江西、安徽和广西4省的事故比例之和就超过了60%，其原因在于我国的烟花爆竹产业分布不均衡，湖南、江西等地相对地少人多，给烟花爆竹这类劳动密集型产业的发展提供了优势条件，同时这些地区也成为烟花爆竹事故的重点治理地区。

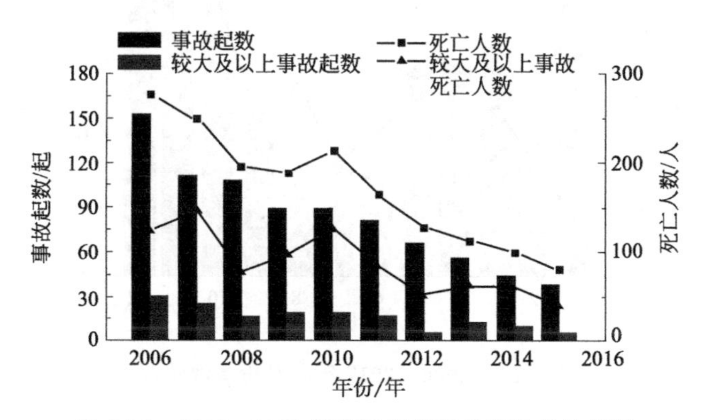

图2-23　2006～2015年我国烟花爆竹事故总体情况

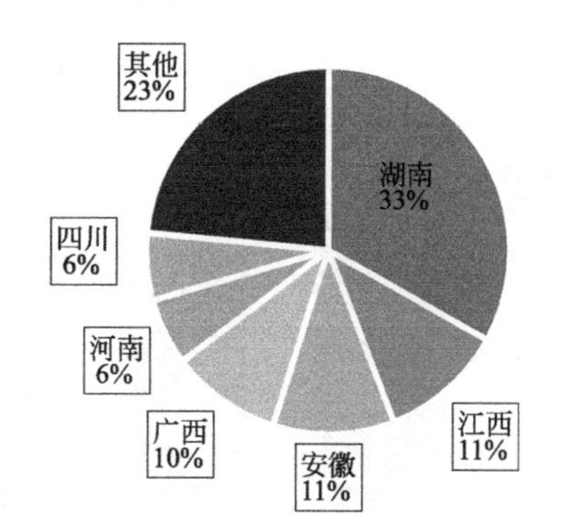

图2-24　2006～2017年各地烟花爆竹事故起数所占比例

3. 事故发生时间分析

统计表明，烟花爆竹事故的发生频率随时间变化较明显。如图2-25所示，1月份、10～12月份是事故频发月份；2006～2017年间，1月发生事故累计超过100起，是事故起数最多的月份；一季度和四季度是事故相对频发的季度，如图2-26所示，其事故起数的比例分别为26.4%和35.9%，所造成的死亡人数比例分别为24.8%和36.5%。分析原因可知，一、四季度临近春节，是烟花爆竹生产销售的旺季，相关企业为了获取最大利益而加紧生产，极易忽视安全工作，导致事故多发。

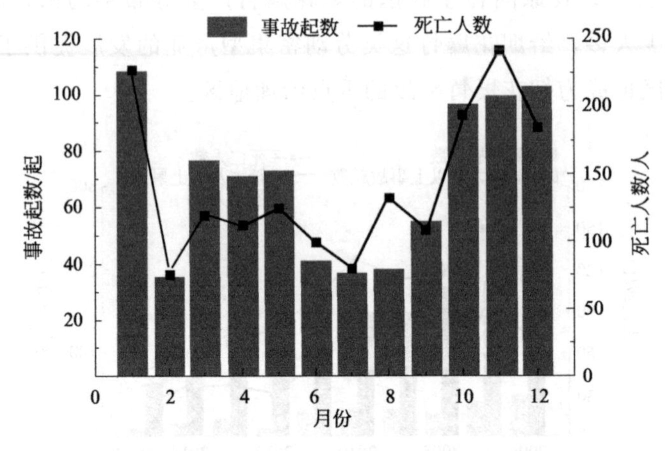

图 2-25 2006～2017 年各月份事故情况

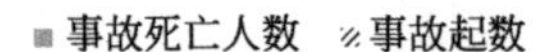

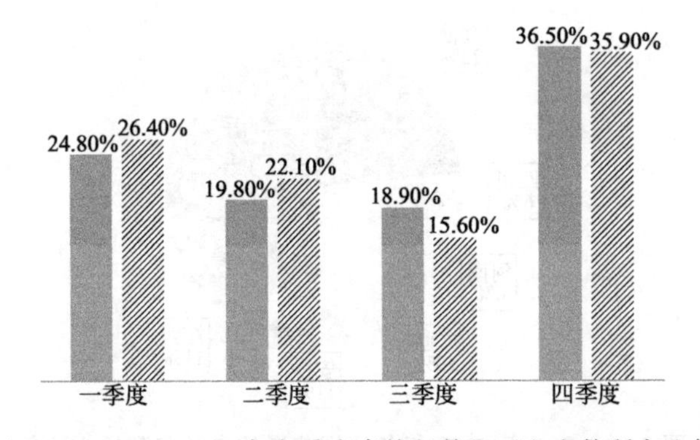

图 2-26 2006～2017 年各季度事故起数和死亡人数所占比例

4. 事故类型及等级分析

本次事故案例分析针对的是我国 2006～2017 年 12 年间发生的 900 起烟花爆竹事故案例（不包括危险化学品事故案例和民爆事故案例），其中生产事故 520 起（包含非法生产 23 起），占 58%；经营事故 121 起，占 13%；仓库储存事故 51 起，占 6%；运输事故 11 起，占 1%；燃放事故 170 起，占 19%；其他事故 27 起，占 3%。详见图 2-27。

这 900 起烟花爆竹事故，共造成 2048 人死亡。其中：一般事故 714 起，死亡 855 人；较大事故 169 起，死亡 916 人；重大事故 16 起，死亡 240 人；

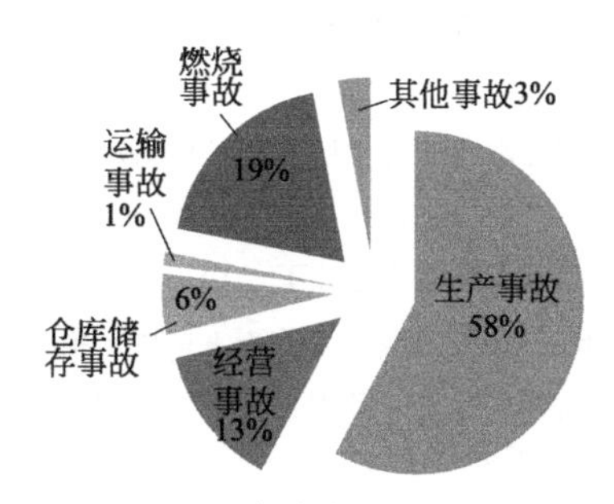

图 2-27　事故类型分布情况

特别重大事故 1 起，死亡 37 人。见图 2-28。

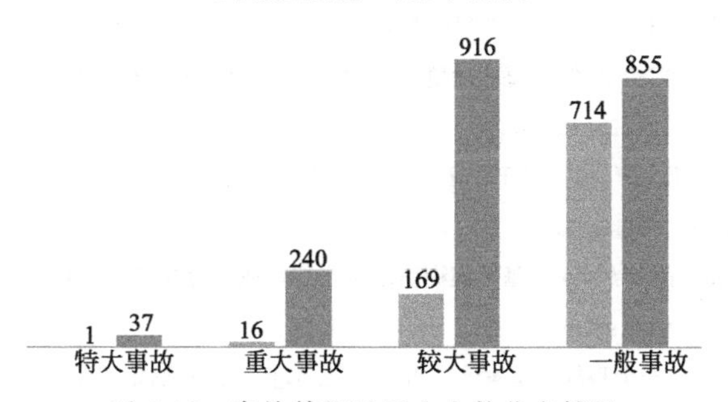

图 2-28　事故等级及死亡人数分布情况

5. 事故分析结论

2006～2017 年间全国共发生烟花爆竹事故 900 起，死亡 2048 人，事故起数和死亡人数总体呈逐年下降趋势；湖南、江西、安徽、广西等地为事故多发省份，4 省事故起数之和占全国的比例超过 60%；每年的 1 月份、10～12 月份是事故频发月份，一、四季度是事故频发季度。

参考文献

[1]　吴宗之，高进东，魏利军．危险评价方法及其应用[M]．北京：冶金工业出版社，2001.

[2]　吴宗之．国内外安全（风险）评价方法研究与进展[J]．安全与环境学报，1999，(2)：37-40.

[3]　张广华．危险化学品重特大事故案例精选[M]．北京：中国劳动社会保障出版社，2007：3-315.

[4]　国家安全生产监督管理总局．安全评价[M]．北京：煤炭工业出版社，2010.

[5] 张铮，吴宗之，刘茂．重大危险源风险评价方法的改进研究[J]. 青岛大学学报（工程技术版），2005,3 (6)：32-38.

[6] 周琪，叶义成，吕涛．系统安全态势的马尔科夫预测模型建立及应用[J]. 中国安全生产科学技术，2012,8(4):98.

[7] 刘凌燕，徐纪武．火灾爆炸危险指数法的应用[J]. 工业安全与环保，2003,29(10):38-40.

[8] 王先华．安全控制论在安全生产风险管理应用研究[A]. 中国金属学会冶金安全与健康分会．2018年中国金属学会冶金安全与健康年会论文集[C]. 中国金属学会冶金安全与健康分会:中国金属学会,2018:10.

[9] 赵云胜，李红杰．安全科学的灰色系统方法[J]. 劳动保护科学技术，1996,(4):12-15,18.

[10] 王先华，吕先昌，秦吉．安全控制论的理论基础和应用[J]. 工业安全与防尘，1996,(1):1-6.

[11] 国务院安委会办公室关于实施遏制重特大事故工作指南构建双重预防机制的意见[Z]. 2016-10-09.

[12] 中共中央国务院关于推进安全生产领域改革发展的意见[Z]. 2016-12-09.

[13] 朱龙洁，叶义成，柯丽华，等．基于激励理论的我国非煤矿山安全检查激励方式探讨[J]. 安全与环境工程，2015，22(02):79-83.

[14] 朱龙洁，叶义成，胡南燕，等．基于中国传统文化思想的非煤矿山安全管理方式探讨[J]. 矿山机械，2016，44(01):12-16.

[15] 吴孟龙，叶义成，胡南燕，等．基于模糊信息粒化的矿业安全生产态势区间预测[J]. 中国安全科学学报，2021，31(09):119-127.

[16] 王大勇．钢铁企业安全事故典型案例分析与防范[M]. 北京：冶金工业出版社，2017.

[17] 杨福．冶金安全生产技术[M]. 北京：煤炭工业出版社，2010.

[18] 赵振军．冶金企业的煤气安全管理路径分析与研究[J]. 冶金与材料，2020,40(1):21-22.

[19] 卢春雪．冶金行业现代安全管理模式[J]. 工业安全与环保，2005,31(11):61-62.

[20] 中国安全生产科学研究院．危险化学品事故案例[M]. 北京:化学工业出版社,2005:45-48.

[21] 李刚．烟花爆竹经营行业风险预警与管控研究[D]. 武汉:中南财经政法大学,2019.

[22] 马洪舟．烟花爆竹生产企业爆炸事故风险评估及控制研究[D]. 武汉:中南财经政法大学,2020.

第三章 安全风险辨识与评估理论

危险与安全是系统状态对立统一的两个方面。危险是安全的对面，是系统可能产生潜在损失的客观存在，在系统中具体的表现为系统风险源（点），是事故发生的根源。风险源（点）对人们生命、健康、财产、生产活动、生存环境和生活治理等会产生负面效应的威胁。为衡量系统危险引发事故的可能性有多大，发生的结果如何，引进了风险这一概念。风险是对系统危险引发事故的概率和产生后果的综合衡量指标，所以要正确理解和区分危险与风险这两个概念，风险评估就是应用专门的理论与方法，确定系统危险引发事故的可能性与后果程度，寻求解决方案与措施，达到避免事故或减少事故损失的目的[1,2]。

第一节 事故致因理论

为了防止事故，必须弄清事故为什么会发生，造成事故发生的因素有哪些。事故致因理论即事故模式，它对人们认识事故本质，消除和控制事故发生，指导事故调查、事故分析、事故预防及事故责任的认定都有重要作用[3]。

20世纪初，在世界工业迅速发展的同时，伤亡事故频繁发生，严重制约了工业经济的发展，促使一些学者对事故发生的机理进行研究，并提出了一些事故致因理论学说。如1919年格林伍德（Greenwood）和1926年纽博尔德（M. Newbold）提出事故频发倾向论，认为工人性格特征是事故频繁发生的唯一因素。这种理论带有明显的时代局限性，过分夸大了人的性格特点在事故中的作用。随后1936年海因里希（Heinrich）应用多米诺骨牌效应原理提出了“伤亡事故顺序五因素”理论，并于1953年提出了“事故链”，认为事故发生的诸因素是一系列事件的连锁，一环连一环。它是事故因果理论的基础。

20世纪60年代初期，安全系统工程理论的发展进一步促进了事故致因理论的研究。1961年吉布森（Gibson）提出了“能量转移理论”，阐述了伤亡事故与能量及其转移于人体的模型。1974年劳伦斯（Lawrence）根据贝纳和威格里沃思的事故理论，提出了“扰动”促成事故的理论，即P理论（Perturbation Occurs），此后又提出了能适用于复杂的自然条件、连续作业情况下的矿山以人为失误为主因的事故模型，并在南非金矿进行了试点。1991年安德森（Anderson）对1969年瑟利（Surry）提出的人行为系统模型进行了修改，认为事故的发生并非一个“事件”而是一个过程，可作为一个系列进行分析。

近十几年来，许多学者都一致认为，事故的直接原因不外乎是人的不安全行为或人为失误和物的不安全状态或故障两大因素。间接原因是社会因素和管理因素，是导致事故发生的本质原因。

因此，事故致因理论是一定生产力发展水平的产物。在生产力发展的不同阶段，生产过程中会出现不同的安全问题，特别是随着生产方式的变化，人们对事故发生规律的认识也会不同，所以就产生了反映不同安全观念的事故致因理论。下面就按照事故致因理论的发展顺序，简要介绍一下几个主要事故致因理论学说[4,5]。

一、事故因果连锁论

1. 海因里希事故因果连锁论

1931年海因里希（Heinrich）首先提出了事故因果连锁论，他引用了多米诺效应的基本含义，认为伤亡事故的发生不是一个孤立的事件，而是一系列原因事件相继发生的结果，即伤害与各原因相互之间具有连锁关系。

海因里希提出的事故因果连锁过程包括如下5种因素。

① 遗传及社会环境（M）。遗传及社会环境是造成人的缺点的原因。遗传因素可能使人具有鲁莽、固执、粗心等对安全来说属于不良的性格；社会环境可能会妨碍人的安全素质培养，助长不良性格的发展。因此，这种因素是因果链上最基本的因素。

② 人的缺点（P）。即由于遗传因素和社会因素所造成的人的缺点，是使人产生不安全行为或物的不安全状态的原因。这些缺点既包括如鲁莽、固执、易过激、神经质、轻率等性格上的先天缺陷，也包括诸如缺乏安全生产知识和技能等后天不足。

③ 人的不安全行为和物的不安全状态（H）。这两者是造成事故的直接原因。海因里希认为，人的不安全行为是由于人的缺点而产生的，是造成事故的主要原因。

④ 事故（D）。事故是一种由于物体、物质或放射线等对身体发生作用，

使人员受到或可能受到伤害的、出乎意料的失去控制的事件。

⑤ 伤害（A）。即为直接由事故产生的人身伤害。

上述事故因果连锁关系，可以用 5 块多米诺骨牌来形象地加以描述，如图 3-1 所示。如果第一块骨牌倒下（即第一个原因出现），则会发生连锁反应，后面的骨牌相继被碰倒（相继发生）。如果抽去其中某一块骨牌，则连锁反应就被终止，也就是伤害事故不能最终发生。

该理论积极的意义在于，形象地描述了事故的发生发展过程，提出了人的不安全行为和物的不安全状态是导致事故的直接原因。但是，海因里希理论也和事故频发倾向理论一样，把大多数工业事故的责任都归因于人的缺点等，表现出时代的局限性。

目前，我国有关安全专家对海因里希理论进行了如下修正，认为形成伤亡事故的五因素为：①社会环境和管理的欠缺（A_1）；②人为失误（A_2）；③不安全行为和不安全状态（A_3）；④意外事件（A_4）；⑤伤亡（A_5）。按照这种顺序可以理解为：社会环境和管理的欠缺是事故发生的基础因素，由此引发人的过失，如设计、制造、教育、规章制度等问题，于是形成了人的不安全行为和物的不安全状态，两者综合作用构成意外事故，从而最终导致了人员伤亡（图 3-2）。

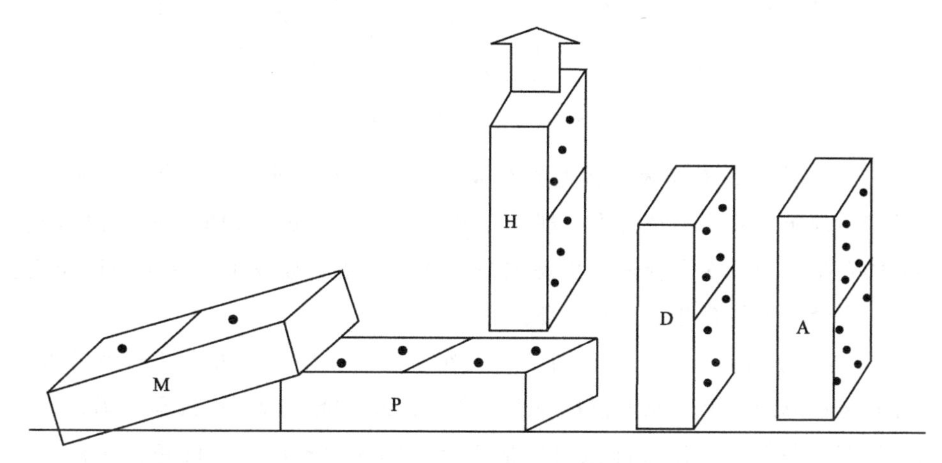

图 3-1　多米诺骨牌连锁理论模型

2. 博德事故因果连锁理论

博德（F. Bird）在海因里希事故因果连锁理论的基础上，提出了反映现代

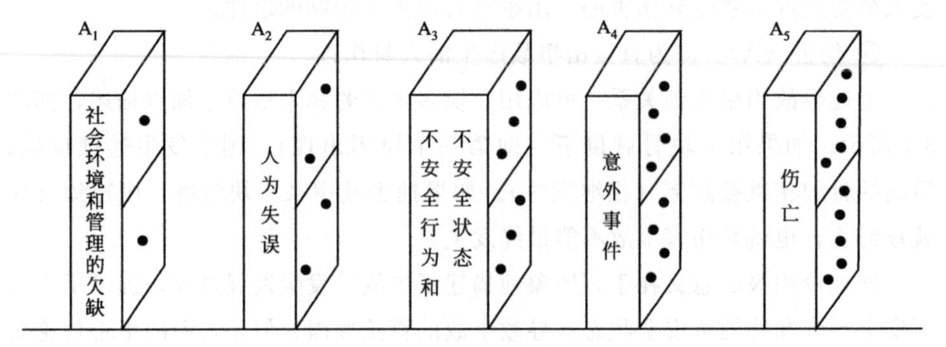

图 3-2　伤亡事故五因素模型

安全观点的事故因果连锁（图 3-3）。博德的事故因果连锁过程同样为 5 个因素，也是按照骨牌顺序排列，但每个因素的含义与海因里希的都有所不同。

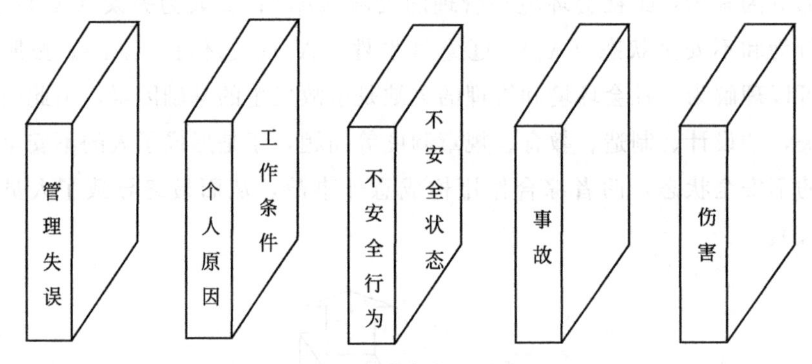

图 3-3　博德事故因果连锁

① 管理失误。对于大多数工矿企业来说，由于各种原因，完全依靠工程技术措施预防事故既不经济也不现实，只能通过完善安全管理工作，才能防止事故的发生。如果安全管理上出现欠缺，就会导致事故发生的基本原因出现。因此，安全管理是企业的重要一环。

② 基本原因。包括个人原因及与工作有关的原因，这方面的原因是由于管理缺陷造成的。个人原因包括缺乏安全知识或技能，行为动机不正确，生理或心理有问题等；工作条件原因包括安全操作规程不健全，设备、材料不合适，以及存在高湿度、高温、粉尘、有毒有害气体、噪声等有害作业环境因素。

③ 直接原因。人的不安全行为或物的不安全状态是事故的直接原因，是

事故顺序中最重要的一个因素，但是，直接原因只是一种表面现象，是深层次原因的表征。在实际工作中，要追究其背后隐藏的管理上的缺陷原因，并采取有效的控制措施。

④ 事故。这里的事故被看作是人体或物体与超过其承受阈值（允许）的能量接触，或人体与妨碍正常生理活动的物质接触。因此，防止事故就是防止接触。

⑤ 伤害。博德模型中的伤害，包括工伤、职业病、精神创伤等。人员伤害及财物损坏统称为损失。在许多情况下，可以采取适当的措施，使事故造成的损失最大限度地减少。

二、管理失误论

管理失误论是以管理失误为主因的事故模型。这一事故致因模型，侧重研究管理上的责任，强调管理失误是构成事故的主要原因。事故之所以发生，是因为客观上存在着生产过程中的不安全因素，此外还有众多的社会因素和环境条件，这一点我国矿山更为突出。事故的直接原因是人的不安全行为和物的不安全状态。但是，造成“人失误”和“物故障”的直接原因却常常是管理上的缺陷。后者虽是间接原因，但它却是背景因素，而又常是发生事故的本质原因。

人的不安全行为可以促成物的不安全状态，而物的不安全状态又会在客观上造成人之所以有不安全行为的环境条件（图 3-4）。

“隐患”来自物的不安全状态即危险源，而且和管理上的缺陷或管理人失误共同耦合才能形成；如果管理得当，及时控制，变不安全状态为安全状态，则不会形成隐患。客观上一旦出现隐患，主观上人又有不安全行为，就会立即显现为伤亡事故。

三、动态变化理论

客观世界是物质的，物质是在不断运动变化的，存在于客观世界中的任何系统也是如此。外界条件的变化会导致人、机械设备等原有的工作环境发生改变，管理人员和操作员如果不能或没有及时地适应这种变化，可能会产生管理和操作失误，造成物的不安全状态，进而导致事故的发生。

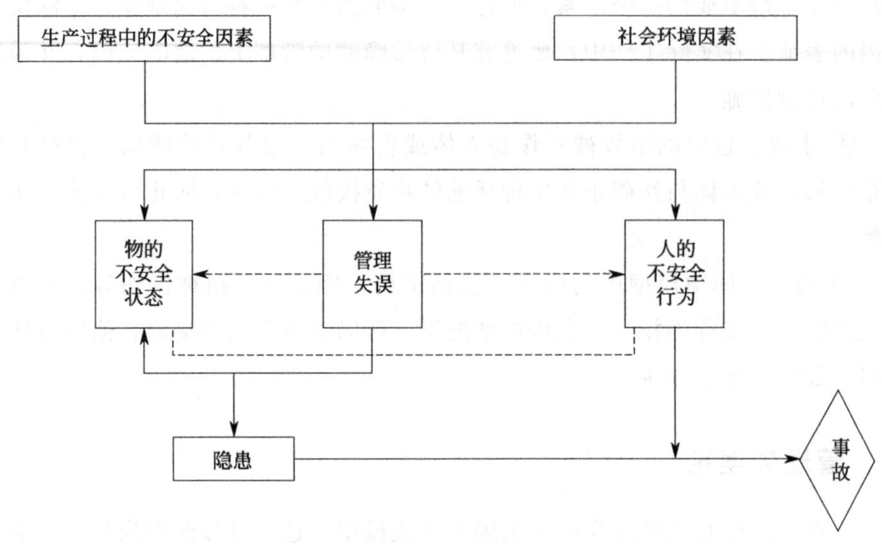

图 3-4 以管理失误为主因的事故模型

1. 能量转移论

能量的种类有许多，如动能、势能、电能、热能、化学能、辐射能、声能和生物能等。人受到伤害都可以归结为上述一种或若干种能量的异常或意外转移。能量转移论是1961年由吉布森（Gibson）提出的，其基本观点是：人类的生产活动和生活实践都离不开能量。人类利用能量做功以实现生产目的。人类为了利用能量做功，必须控制能量。在正常生产过程中，能量在各种约束和限制下，按照人们的意志流动、转换和做功，制造产品或提供服务。如果由于某种原因能量一旦失去了控制，发生了异常或意外释放，能量就会做破坏功，则称发生了事故。如果意外释放的能量转移到人体，并且其能量超过了人体的承受能力，就会造成人员伤亡；转移到物，就会造成财产损失。

1966年由哈登（Haddon）进一步引申而形成以下观点——“人受伤害的原因只能是某种能量的转移”，并提出了能量逆流于人体造成伤害的分类方法。它将伤害分为两类。

第一类伤害，是由于转移到人体的能量超过了局部或全身性损坏阈值而产生的。人体各部分对每一种能量的作用都有一定的抵抗能力，即有一定的伤害阈值。当人体某部位与某种能量接触时，能否受到伤害及伤害的严重程度如何，主要取决于作用于人体的能量大小。作用于人体的能量超过伤害阈值越多，造成伤害的可能性也越大。

第二类伤害，是由于影响了局部或全身性能量交换引起的，例如，因物理或化学因素引起的窒息（如溺水或一氧化碳中毒等），因体温调节障碍引起的生理损害、局部组织损坏或死亡（如冻伤、冻死等）。

在一定条件下，某种形式的能量能否产生人员伤害，造成人员伤亡事故，取决于人体接触能量的大小、时间和频率，能量的集中程度，身体接触能量的部位及屏蔽设置的完善程度和时间的早晚。

依据能量转移论的观点，具有能量的物质（或物体）和受害对象在同一空间范围内，由于能量未按人们希望的途径转移，而是与受害对象发生接触，就造成了事故。

哈登认为预防能量转移于人体的安全措施可用屏障保护系统的理论加以阐述，并指出屏障设置得越早，效果越好。按能量大小可建立单一屏障或多重的冗余屏障。

2. 轨迹交叉论

轨迹交叉论的基本思想是：伤害事故是许多相互联系的事件顺序发展的结果。这些事件概括起来不外乎人和物（包括环境）两大发展系列。在一个系统中，当人的不安全行为和物的不安全状态在各自发展形成过程中（轨迹），在一定时间、空间发生了接触（轨迹交叉），就会造成事故，即具有危害能量的物体的运动轨迹与人的运动轨迹在某一时刻交叉，能量转移于人体时，伤害事故就会发生。当然，两种运动轨迹均是在三维空间内的运动轨迹。而人的不安全行为和物的不安全状态之所以产生和发展，又是多种因素作用的结果。人与物两系列形成事故的模型，如图 3-5 所示。

轨迹交叉理论反映了绝大多数事故的情况。在实际生产过程中，仅有少量的事故是由人的不安全行为或物的不安全状态引起的，而绝大多数的事故是与两者同时相关的。例如：日本劳动省通过对 50 万起工伤事故调查发现，其中仅有约 4%的事故与人的不安全行为无关，仅有约 9% 的事故与物的不安全状态无关。

值得注意的是，在人和物两大系列的运动中，两者往往是相互关联、互为因果、相互转换的。有时，人的不安全行为可能产生物的不安全状态，促进物的不安全状态的发展，或导致新的不安全状态的出现；而物的不安全状态有时

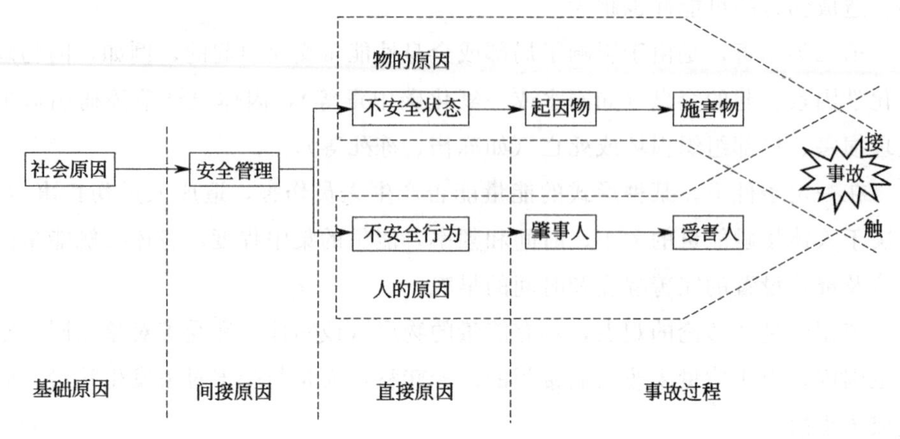

图 3-5 轨迹交叉论事故模型

能引发人的不安全行为。因此，事故的发生可能并不是如图 3-5 所示的那样简单地按照人、物两条轨迹独立地运行，而是呈现较为复杂的因果关系。

人的不安全行为和物的不安全状态是造成事故的表面的直接原因，如果对它们进行更进一步的考虑，则可挖掘出两者背后深层次的原因。

轨迹交叉理论作为一种事故致因理论，强调人的因素和物的因素在事故致因中占有同样重要的地位。按照该理论，可以通过避免人与物两种因素运动轨迹交叉来预防事故的发生。同时，该理论对于调查事故发生的原因，也是一种较好的工具。

在现场安全管理过程中，有些管理者总是错误地把一切事故归咎于操作人员违章作业；实质上，人的不安全行为也是由于教育培训不足等管理欠缺造成的。在多数情况下，由于企业管理不善，工人缺乏教育和训练或机械设备缺乏维护、检修以及安全装置不完备，才导致了人的不安全行为或物的不安全状态。

若设法排除机械设备中的隐患或处理危险物质过程中的隐患，或者消除人为失误、不安全行为，使连锁中断，则两系列运动轨迹不能相交，危险就不会出现，可达到安全生产的目的。

轨迹交叉理论强调的是砍断物的事件链，提倡采用可靠性高、完整性强的系统和设备，大力推广保险系统、防护系统和信号系统及高度自动化和遥控装置。这样，即使人为产生失误，也会因安全闭锁等可靠性高的安全系统的作用，及时控制物的不安全状态的发展，避免伤亡事故的发生。

第二节　风险评估相关原理

虽然风险评估的领域、种类、方法、手段种类繁多，而且评价系统的属性、特征及事件的随机性千变万化，各不相同，但其思维方式却是一致的，可归纳为以下四个基本原理，即相关性原理、类推原理、惯性原理和量变到质变原理。风险评估的原理是人们经过长期研究和实践总结出来的。在实际评价工作中，人们综合应用基本原理指导安全风险辨识和安全评价，并创造出了各种评价/评估方法，进一步在各个领域中加以运用[6]。

一、相关性原理

一个系统，其属性、特征与事故和职业危害存在着因果的相关性，这是系统因果评价方法的理论基础。

1. 系统的基本特征

安全评价把研究的所有对象都视为系统。系统是指为实现一定的目标，由多种彼此有联系的要素组成的整体。系统有大有小，千差万别，但所有的系统都具有以下基本特征。

① 目的性。任何系统都具有目的性，要实现一定的目标（功能）。

② 集合性。指一个系统是由两个以上的若干个元素组成的一个系统整体，或是由各层次的要素（子系统、单元、元素集）集合组成的一个系统整体。

③ 相关性。即一个系统内部各要素（或元素）之间存在着相互影响、相互作用、相互依赖的有机联系，通过综合协调，实现系统的整体功能。在相关关系中，二元关系是基本关系，其他复杂的相关关系是在二元关系基础上发展起来的。

④ 阶层性。在大多数系统中，存在着多阶层性，通过彼此作用，互相影响、制约，形成一个系统整体。

⑤ 整体性。系统的要素集、相关关系集、各阶层构成了系统的整体。

⑥ 适应性。系统对外部环境的变化有一定的适应性。

每个系统都有自身的总目标，而构成系统的所有子系统、单元都为实现这一总目标而实现各自的分目标。如何使这些目标达到最佳，就是系统工程要研究解决的问题。

2. 相关性原理的含义

系统的整体目标（功能）是由组成系统的各子系统、单元综合发挥作用的结果。因此，不仅系统与子系统，子系统与单元有着密切的关系，而且各子系统之间、各单元之间、各元素之间也都存在着密切的相关关系。所以，在评价过程中只有找出这种相关关系，并建立相关模型，才能正确地对系统的安全性作出评价。这就是相关性原理。

系统的结构可用下列公式表达：

$$E = \max f(X \cdot R \cdot C) \tag{3-1}$$

式中 E——最优结合效果；

X——系统组成的要素集，即组成系统的所有元素；

R——系统组成要素的相关关系集，即系统各元素之间的所有相关关系；

C——系统组成的要素及其相关关系在各阶层上可能的分布形式；

f——X、R、C 的结合效果函数。

对系统的要素集（X）、相关关系集（R）和层次分布形式（C）的分析，可阐明系统整体的性质。只有使上述三者达到最优结合，才能产生最优的结合效果（E），才能使系统目标达到最佳。

对系统进行安全评价，就是要寻求 X、R 和 C 的最合理的结合形式，即具有最优结合效果（E）的系统结构形式在对应系统目标集和环境因素约束集的条件，给出最安全的系统结合方式。例如，一个生产系统一般是由若干生产装置、物料、人员（X 集）集合组成的，其工艺过程是在人、机、物料、作业环境结合过程（人控制的物理、化学过程）中进行的（R 集），生产设备的可靠性、人的行为的安全性、安全管理的有效性等因素层次上存在各种分布关系（C 集）。安全评价的目的，就是寻求系统在最佳生产（运行）状态下的最安全的有机结合。

3. 因果关系

有因才有果，这是事物发展变化的规律。事物的原因和结果之间存在着类似函数一样的密切关系。研究、分析各个系统之间的依存关系和影响程度就可以探求其变化的特征和规律，并可以预测其未来状态的发展变化趋势。

事故和导致事故发生的各种原因（危险因素）之间存在着相关关系，表现为依存关系和因果关系；危险因素是原因，事故是结果，事故的发生是许多因素综合作用的结果。分析各因素的特征、变化规律、影响事故发生和事故后果的程度以及从原因到结果的途径，揭示其内在联系和相关程度，才能在评价中得出正确的分析结论，以采取恰当的对策措施。例如，可燃气体泄漏爆炸事故是可燃气体泄漏、与空气混合达到爆炸极限和存在引燃能源三个因素综合作用的结果，而这三个因素又是设计失误、设备故障、安全装置失效、操作失误、环境不良、管理不当等一系列因素造成的，爆炸事故后果的严重程度又和可燃气体的性质（闪点、燃点、燃烧速度、燃烧热值等）、可燃气体的爆炸量及空间密闭程度等因素有着密切的关系，在评价中需要分析这些因素的因果关系和相互影响程度，并定量地加以评述。

事故的因果关系是：事故的发生有其原因因素，而且往往不是由单一原因因素造成的，而是由若干个原因因素耦合在一起，当出现符合事故发生的充分与必要条件时，事故就必然会立即爆发；多一个原因因素不需要，少一个原因因素事故就不会发生。而每一个原因因素又由若干个二次原因因素构成；依此类推还存在三次原因因素……

消除一次原因因素，或二次原因因素，或三次原因因素……破坏发生事故的充分与必要条件，事故就不会发生，这就是采取技术、管理、教育等方面的安全对策措施的理论依据。

在评价系统中，找出事故发展过程中的相互关系，借鉴历史、同类情况的数据和典型案例等，建立接近真实情况的数学模型，评价就会取得较好的效果，而且越接近真实情况，效果越好，评价得越准确。

4. 应用相关性原理的注意事项

在评价之前要研究与系统安全有关的系统组成要素、要素之间的相关关系，以及它们在系统各层次的分布情况。例如，要调查、研究构成工厂的所有要素（人、机、物料、环境等），明确它们之间的相互影响、相互作用、相互制约的关系和这些关系在系统的不同层次中的不同表现形式等。

要对系统作出准确的安全评价，必须对要素之间及要素与系统之间的相关形式和相关程度给出量的概念。这就需要明确哪个要素对系统有影响，是直接影响还是间接影响；哪个要素对系统影响大，大到什么程度，彼此是线性相关还是指数相关；等等。要做到这一点，就要求在分析大量生产运行、事故统计资料的基础上，得出相关的数学模型，以便建立合理的安全评价数学模型。例如，用加权平均法在生产经营单位进行安全评价时确定各子系统安全评价的权重系数，实际上就是确定生产经营单位整体与各子系统之间的相关系数。这种权重系数代表了各子系统的安全状况对生产经营单位整体安全状况的影响大小，也代表了各子系统的危险性在生产经营单位整体危险性中的比重。一般来说，权重系数都是通过对大量事故统计资料的分析，权衡事故发生的可能性大小和事故损失的严重程度而确定的。

二、类推原理

1. 类推原理的定义

“类推”亦称“类比”。类推推理是人们经常使用的一种逻辑思维方法，常用来作为推出一种新知识的方法。它是根据两个或两类对象之间存在某些相同或相似的属性，从一个已知对象具有某个属性来推出另一个对象具有此种属性的一种推理。它在人们认识世界和改造世界的活动中，有着非常重要的作用，在安全生产、安全评价中同样也有着特殊的意义和重要的作用。

2. 类推原理的模式

类推原理的基本模式为：

若A、B表示两个不同对象，A有属性P_1，P_2，…，P_m，P_n，B有属性P_1，P_2，…，P_m，则对象A与B的推理可用如下公式表示：

$$\begin{array}{l}\text{A有属性}P_1,P_2,\cdots,P_m,P_n;\\ \text{B有属性}P_1,P_2,\cdots,P_m;\\ \hline \text{所以,B也有属性}P_n(n>m)\text{。}\end{array} \tag{3-2}$$

3. 类推原理的作用

类推推理常常被人们用来类比同类装置或类似装置的职业安全经验、教训，以采取相应的对策措施防患于未然，实现安全生产。

类推评价法是经常使用的一种安全评价方法。它不仅可以由一种现象推算另一种现象，还可以依据已掌握的实际统计资料，采用科学的估计推算方法来推算得到基本符合实际的所需资料，以弥补调查统计资料的不足，供分析研究用。

4. 类推原理的方法

类推评价法的种类及其应用领域取决于评价对象事件与先导事件之间联系的性质。若这种联系可用数字表示，则称为定量类推；如果这种联系关系只能定性处理，则称为定性类推。常用的类推方法有如下几种：

① 平衡推算法。指根据相互依存的平衡关系来推算所缺的有关指标的方法。例如，利用海因里希关于重伤、死亡、轻伤及无伤害事故比例 1∶29∶300 的规律，在已知重伤死亡数据的情况下，可推算出轻伤和无伤害事故数据；利用事故的直接经济损失与间接经济损失的比例为 1∶4 的关系，从直接经济损失推算间接经济损失和事故总经济损失；利用爆炸破坏情况推算离爆炸中心一定距离处的冲击波超压（Δp，MPa）或爆炸坑（漏斗）的大小，来推算爆炸物的 TNT 当量。这些都是平衡推算法的应用。

② 代替推算法。指利用具有密切联系（或相似）的有关资料、数据，来代替所缺资料、数据的方法。例如，对新建装置的安全预评价，可使用与其类似的已有装置资料、数据对其进行评价；在职业卫生的评价中，人们常常类比同类或类似装置的工业卫生检测数据进行评价。

③ 因素推算法。指根据指标之间的联系，从已知因素的数据推算有关未知指标数据的方法。例如，已知系统事故发生概率 P 和事故损失严重度 S，就可利用风险率 R 与 P、S 的关系来求得风险率 R：

$$R=PS \tag{3-3}$$

④ 抽样推算法。指根据抽样或典型调查资料推算系统总体特征的方法。这种方法是数理统计分析中常用的方法，是以部分样本代表整个样本空间来对总体进行统计分析的一种方法。

⑤ 比例推算法。是根据社会经济现象的内在联系，用某一时期、地区、部门或单位的实际比例，推算另一类似时期、地区、部门或单位有关指标的方法。例如，控制图法的控制中心线的确定，是根据上一个统计期间的平均事故

率来确定的。国外各行业安全指标的确定，通常也都是根据前几年的年度事故平均数值来进行确定的。

⑥ 概率推算法。概率是指某一事件发生的可能性大小。事故的发生是一种随机事件；任何随机事件，在一定条件下是否发生是没有规律的，但其发生的概率是一客观存在的定值。因此，根据有限的实际统计资料，采用概率论和数理统计方法可求出随机事件出现各种状态的概率。可以用概率值来预测未来系统发生事故可能性的大小，以此来衡量系统危险性的大小、安全程度的高低。

5. 应用类推原理的注意事项

类推推理的结论是或然性的，所以，在应用时要注意以下几点：

① 要尽量多地列举两个或两类对象所共有或共缺的属性；

② 两个类比对象所共有或共缺的属性越本质，则推出的结论越可靠；

③ 两个类比对象共有或共缺的属性与类推的属性之间具有本质和必然的联系，则推出结论的可靠性就高。

三、惯性原理

1. 惯性原理的含义

任何事物在其发展过程中，从过去到现在以及延伸至将来，都具有一定的延续性，这种延续性称为惯性。利用惯性可以研究事物或一个评价系统的未来发展趋势。例如，从一个单位过去的安全生产状况、事故统计资料找出安全生产及事故发展的变化趋势，以推测其未来的安全状态。

2. 应用惯性原理的注意事项

利用惯性原理进行评价时应注意以下两点：

① 惯性的大小。惯性越大，影响越大；反之，则影响越小。例如，一个生产经营单位如果疏于管理，违章作业、违章指挥、违反劳动纪律严重，事故就多，若任其发展则会愈演愈烈，而且有加速的态势，惯性越来越大。对此，必须立即采取相应对策措施，破坏这种格局，亦即中止或改变这种不良惯性，才能防止事故的发生。

② 惯性的趋势。一个系统的惯性是这个系统内的各个内部因素之间互相联系、互相影响、互相作用，按照一定规律发展变化的一种状态趋势。因此，

只有当系统是稳定的，受外部环境和内部因素的影响产生的变化较小时，其内在联系和基本特征才可能延续下去，该系统所表现的惯性发展结果才基本符合实际。但是，绝对稳定的系统是没有的，因为事物发展的惯性在受外力作用时，可使其加速或减速甚至改变方向。这样就需要对一个系统的评价进行修正，即在系统主要方面不变而其他方面有所偏离时，就应根据其偏离程度对所出现的偏离现象进行修正。

四、量变到质变原理

1. 量变到质变原理的含义

① 量变。量变是事物在数量上的增加或减少。量变是一种逐渐的、连续性的、不显著的变化，是事物在发展过程中相对静止状态的变化。人们日常生活中见到的统一、平衡、相对静止等都是事物处于量变阶段所显示出来的状态。

② 质变。质变是事物根本性质的变化。质变是一种根本的、显著的变化，是事物渐进过程的中断。在日常生活中所见到的统一物的分解或是相持、平衡、静止状态的破坏，都是事物在质变过程中所体现出来的状态。

③ 量变到质变。量变是指单纯数量上的变化，而质变则表示事物本身性质的改变，从量变到质变，则表示某一事物由于数量不断改变，最终导致本质产生了根本性的变化。

唯物辩证法认为，量变和质变是事物发展变化的两种基本状态。任何事物的发展变化都不可能没有量变，也不可能没有质变，而是量变和质变的统一。

2. 注意事项

① 量变是质变的准备。任何事物的变化都是从量变开始的，量变是质变的必要准备，只有当量的积累达到一定程度时，才会引起质变。

② 质变是量变的必然结果。量变不会永远维持下去，当量的积累达到一定程度时，就必然引起质变，变为另一种性质的事物。

③ 量变和质变的相互转化。一方面，量变向质变转化，量变是质变的必要准备，质变是量变的必然结果。这说明量变对于质变既有必要性，又有必然性，没有量变就没有质变。另一方面，质变向量变转化，质变不仅可以完成量变，体现和巩固量变的成果，而且可以为新的量变开辟道路。这说明质变对于

量变既有必然性，又有必要性，而且只有质变才有新事物的产生和世界的发展。

任何一个事物在发展变化过程中都存在着从量变到质变的规律。同样，在一个系统中，许多有关安全的因素也都存在着量变到质变的规律。在评价一个系统的安全时，也都离不开从量变到质变的原理。例如，许多定量评价方法中，有关危险等级的划分无不一一应用着量变到质变的原理。如《DOW化学公司火灾、爆炸危险指数评价法（第7版）》中，关于按F&EI（火灾、爆炸指数）划分的危险等级，经过了≤60、61～96、97～127、128～158、≥159的量变到质变的不同变化层次，即分别为“最轻”级、“较轻”级、“中等”级、“很大”级、“非常大”级；而在评价结论中，“中等”级及其以下的级别是“可以接受的”，而“很大”级、“非常大”级则是“不能接受的”。

因此，在安全评价时，考虑各种危险、有害因素对人体的危害，以及对采用的评价方法进行等级划分等，均需要应用量变到质变的原理。

掌握风险评估的基本原理可以建立正确的思维程序，对于评价人员拓展思路、合理选择和灵活运用评价方法都是十分必要的。由于世界上没有一成不变的事物，评价对象的发展不是过去状态的简单延续，评价的事件也不会是类似事件的机械再现，相似不等于相同。因此，在评价过程中，应对客观情况进行具体细致的分析，以提高评价结果的准确程度。

第三节　风险评估

一、风险评估原则

风险评估工作不仅具有较复杂的技术性，还有很强的政策性。因此，要做好这项工作，必须以国家有关安全生产的法律、法规和技术标准为依据，以被评价项目的真实情况为基础，用严肃的科学态度，认真负责的精神，全面、仔细、深入地开展和完成评价任务。在工作中必须自始至终遵循合法性、科学性、公正性和针对性原则[6]。

风险评估是落实“安全第一，预防为主，综合治理”方针的重要技术保障，是安全生产监督管理的重要手段。安全评价工作以国家有关安全的方针、政策和法律、法规、标准为依据，运用定量和定性的方法对建设项目或生产经营单位存在的职业危险、有害因素进行识别、分析和评价，提出预防、控制、治理的措施，为建设单位或生产经营单位减小事故发生的风险，为政府主管部门进行安全生产监督管理提供科学依据[7]。

1. 合法性

安全评价是国家以法规形式确定下来的一种安全管理制度，安全评价机构和评价人员必须由国家安全生产监督管理部门予以资质核准和资格注册，只有取得了认可的单位才能依法进行安全评价工作。政策、法规、标准是安全评价的依据，合法性是安全评价工作的灵魂。所以，承担安全评价工作的单位必须在国家安全生产监督管理部门的指导、监督下严格执行国家及地方颁布的有关安全的方针、政策、法规和标准等；在具体评价过程中，全面、仔细、深入地剖析评价项目或生产经营单位在执行产业政策、安全生产和劳动保护政策等方面存在的问题，并且在评价过程中主动接受国家安全生产监督管理部门的指导、监督和检查，力争为项目决策、设计和安全运行提出符合政策、法规、标准要求的评价结论和建议，为安全生产监督管理提供科学依据。

2. 科学性

安全评价涉及学科范围广，影响因素复杂多变。安全预评价在实现项目的本质安全上有预测、预防性；安全验收评价在项目的可行性上具有较强的客观性；安全现状评价在整个项目上具有全面的现实性。为保证安全评价能准确地反映被评价项目的客观实际和结论的正确性，在开展安全评价的全过程中，必须依据科学的方法、程序，以严谨的科学态度全面、准确、客观地进行工作，提出科学的对策措施，作出科学的结论。

危险、有害因素产生危险、危害后果需要一定条件和触发因素，根据内在的客观规律分析危险、有害因素的种类、程度，产生的原因和出现危险、危害的条件及其后果，才能为安全评价提供可靠的依据。

现有的评价方法均有其局限性。评价人员应全面、仔细、科学地分析各种评价方法的原理、特点、适用范围和使用条件，必要时还应采用几种评价方法进行综合评价，互为补充、互相验证，提高评价的准确性，避免局限和失真；

评价时切忌生搬硬套、主观臆断、以偏概全。

从收集资料、调查分析、筛选评价因子、测试取样、数据处理、模式计算和权重值的给定，直至提出对策措施、作出评价结论与建议等，每个环节都必须严守科学态度，用科学的方法和可靠的数据，按科学的工作程序一丝不苟地完成各项工作，努力在最大程度上保证评价结论的正确性和对策措施的合理性、可行性和可靠性。

受一系列不确定因素的影响，安全评价在一定程度上存在误差。评价结果的准确性直接影响决策的正确性，安全设计的完善性，运行的安全性、可靠性。因此，对评价结果进行验证十分重要。为不断提高安全评价的准确性，评价单位应有计划、有步骤地对同类装置、国内外的安全生产经验、相关事故案例和预防措施以及评价后的实际运行情况进行考察、分析、验证，利用建设项目建成后的事后评价进行验证，并运用统计方法对评价误差进行统计和分析，以便改进原有的评价方法和修正评价参数，不断提高评价的准确性、科学性。

3. 公正性

评价结论是评价项目的决策依据、设计依据、能否安全运行的依据，也是国家安全生产监督管理部门进行安全监督管理的执法依据。因此，对于安全评价的每一项工作都要做到客观和公正，既要防止受评价人员主观因素的影响，又要排除外界因素的干扰，避免出现不合理、不公正。

评价的正确与否直接涉及被评价项目能否安全运行，涉及国家财产和声誉会不会受到破坏和影响，涉及被评价单位的财产会不会受到损失，生产能否正常进行，涉及周围单位及居民会不会受到影响，涉及被评价单位职工乃至周围居民的安全和健康。因此，评价单位和评价人员必须严肃、认真、实事求是地进行公正的评价。

安全评价有时会涉及一些部门、集团、个人的利益。因此，在评价时，必须以国家和劳动者的总体利益为重，要充分考虑劳动者在劳动过程中的安全与健康，要依据有关标准、法规和经济技术的可行性提出明确的要求和建议。评价结论和建议不能模棱两可、含糊其词。

4. 针对性

进行安全评价时，首先应针对被评价项目的实际情况和特征，收集有关资料，对系统进行全面分析；其次要对众多的危险、有害因素及单元进行筛选，针对主要的危险、有害因素及重要单元进行重点评价，并辅以对重大事故后果和典型案例进行分析、评价。由于各类评价方法都有特定适用范围和使用条件，要有针对性地选用评价方法。最后要从实际的经济、技术条件出发，提出有针对性的、操作性强的对策措施，对被评价项目作出客观、公正的评价结论。

二、风险评估准备

（一）风险辨识基础

风险辨识就是辨识系统存在的危险因素和有害因素，危险因素是指能造成人身伤亡或突发性损坏的因素（强调社会性和突发作用），有害因素是指能影响人的身体健康、导致疾病或对物造成慢性损坏的因素（强调在一定时间内的累积作用）。通常情况下对两者并不加以严格区分，而统称为危险有害因素，主要是指客观存在的危险、有害物质或能量超过临界值的设备、设施和场所等[4-6]。

1. 危险有害因素的产生原因

危险有害因素尽管表现形式不同，但从本质上讲，之所以能造成危险、危害后果（发生伤亡事故、损害人身健康和造成物的损坏等），均可归结为存在能量、有害物质和能量、有害物质失去控制。

（1）存在能量和有害物质

能量、有害物质是危险有害因素产生的根源，也是最根本的危险有害因素。一般来说，系统具有的能量越大，存在的有害物质的数量越多，系统的潜在危险性和危害性也越大。另外，只要进行生产活动，就需要相应的能量和物质，因此生产活动中的危险有害因素是客观存在的，是不能完全消除的。

① 能量。能量是做功的动力。它既可以造福人类，也可能造成人员伤亡和财产损失。一切产生、供给能量的能源和能量的载体在一定条件下，都可能是危险有害因素。例如锅炉、压力容器或爆炸物爆炸时产生的冲击波和压力能，高处作业（或吊起的重物等）的势能，带电导体上的电能，行使车辆（或各类机械运动部件、工件等）的动能，噪声的声能，激光的光能，高温作业及剧烈热反应工艺装置的热能以及各类辐射能等，在一定条件下都能造成各类事

故。静止的物体如棱角、毛刺、地面等之所以能伤害人体，也是人体运动、摔倒时的动能、势能造成的。这些都是由于能量意外释放形成的危险因素。

② 有害物质。有害物质在一定条件下能损伤人体的生理机能和正常代谢功能，破坏设备和物品的效能，也是主要的危险有害因素。例如，作业或储存场所中的有毒物质、腐蚀性物质、有害粉尘、窒息性气体等有害物质直接、间接与人体或物体发生接触时，导致人员伤亡、职业病、财产损失或环境破坏等危险的发生。

根据“全球化学品统一分类和标签制度”（GHS）、《化学品分类和标签规范》（GB 30000）系列标准等，按GHS将化学品从物理危险（17项）、健康危害（10项）和环境危害（2项）等方面分为3大类29项。

(2) 能量和有害物质失控

在生产中，人们通过工艺和工艺设备使能量、物质（包括有害物质）按人们的意愿在系统中流动、转换，进行生产。同时，又必须约束和控制这些能量及有害物质，消除、减少产生不良后果的条件，使之不能发生危险、危害后果。如果失控（没有控制、屏蔽措施或控制、屏蔽措施失效），就会造成能量、有害物质意外释放和泄漏，从而造成人员伤害和财产损失。所以失控也是一类危险有害因素。它主要体现在人的不安全行为、物的不安全状态、安全管理的缺陷等3个方面。

2. 危险有害因素的分类

对危险有害因素进行分类是进行危险有害因素分析的基础，有利于在风险分析过程中识别危险有害因素，也有利于分析潜在事故的原因。

危险有害因素的分类方法有许多种，在风险评估过程中，常用的分类方法有两种，一种是按导致事故、职业危害的直接原因进行分类，一种是参照事故类别进行分类。

(1) 按导致事故和职业危害的直接原因分类

按导致事故和职业危害的直接原因进行分类的依据是《生产过程危险和有害因素分类与代码》（GB/T 13861），将生产过程中的危险有害因素分为人的因素、物的因素、环境因素和管理因素等4大类，具体分类可见GB/T 13861。

(2) 参照事故类别分类

根据《企业职业伤亡事故分类》（GB 6441），综合考虑事件起因物、引起事故的诱导性原因、致害物、伤害方式等，可将危险有害因素分为物体打击、车辆伤害、机械伤害、起重伤害、触电、淹溺、灼烫、火灾、高处坠落、坍塌、冒顶片帮、透水、爆破伤害、火药爆炸、瓦斯爆炸、锅炉爆炸、容器爆炸、其他爆炸、中毒和窒息、其他伤害等20类。

（二）企业技术资料收集

开展企业风险辨识与评估工作前，须做好前期的资料搜集与整理工作，包括但不限于以下资料：

① 企业基本情况，包括企业概况、生产现状、危险化学品清单及数量、企业安全生产标准化评审报告或自评报告等。

② 安全管理资料，包括主要设备设施清单、设备设施检测检验报告、安全生产管理制度、安全操作规程、事故应急救援预案、事故影响范围内人员调查资料、各类安全检查记录等。

③ 生产工艺操控系统和监控系统设计资料、操控系统报警指标值。

④ 企业安全生产技术资料，包括初步设计（含安全设施设计专篇）、重大危险源评估报告、安全现状评价报告等。

⑤ 企业及行业相关的事故资料。

三、风险评估单元划分

合理、正确地划分评估单元，是成功开展风险源（点）危险、有害因素识别和评价工作的重要环节[5,6]。

（一）评估单元划分

风险评估单元就是在危险、有害因素识别与分析的基础上，根据评价方法的需要，将系统分成有限的、确定范围的单元。

一个作为评估对象的装置（系统），一般是由相对独立、相互联系的若干部分（子系统、单元）组成。各部分的功能、含有的物质、存在的危险和有害因素、危险性和危害性以及安全指标均不尽相同。以整个系统作为对象实施评估时，一般按一定原则将评估对象分成若干个单元分别进行评估，再综合为整个系统的评价。将系统划分为不同类型的单元进行评估，不仅可以简化评估工作、减少评估工作量、避免遗漏，而且由于能够得出各单元危险性（危害性）

的比较概念，避免了以最危险单元的危险性（危害性）来表征整个系统的危险性（危害性），夸大整个系统的危险性（危害性）的可能，从而提高了评估的准确性，降低了采取对策措施所需的安全投入。

美国陶氏化学公司在火灾爆炸危险指数法评价中称“多数工厂是由多个单元组成，在计算该类工厂的火灾爆炸指数时，只选择那些对工艺有影响的单元进行评价，这些单元可称为评价单元”，其评价单元的定义与我们的定义实质上是一致的。

（二）单元划分的原则和方法

划分评估单元是为评估目标和评价方法服务的。为便于评估工作的进行，有利于提高评估工作的准确性，评价单元一般以生产工艺、工艺装置、物料的特点和特征与危险、有害因素的类别、分布有机结合进行划分，还可以按评估的需要将一个评估单元再划分为若干子评估单元或更细致的单元。由于至今尚无一个明确通用的“规则”来规范单元的划分方法，因此，不同的评估人员对同一个评估对象所划分的评估单元有所不同。由于评估目标不同，各评价方法均有自身特点，只要达到评估的目的，评估单元划分并不要求绝对一致。

评价单元划分应遵循的原则和方法如下。

1. 以危险、有害因素的类别为主划分单元

对工艺方案、总体布置及自然条件、社会环境对系统影响等方面的分析和评价，可将整个系统作为一个单元。将具有共性危险、有害因素的场所和装置划为一个单元。

① 按危险、有害因素的类别各划分一个单元，再按工艺、物料、作业特点（即其潜在危险、有害因素的不同）划分成子单元分别评估。例如，炼油厂可将火灾爆炸作为一个单元，按馏分、催化重整、催化裂化、加氢裂化等工艺装置和贮罐区划分成子单元，再按工艺条件、物料的种类（性质）和数量细分为若干单元。又如，将存在起重伤害、车辆伤害、高处坠落等危险因素的码头装卸作业区作为一个单元；有毒危险品、散粮、矿砂等装卸作业区的毒物、粉尘危害部分则列入毒物、粉尘有害作业单元，燃油装卸作业区作为一个火灾爆炸单元，其车辆伤害部分则在通用码头装卸作业区单元中评估。

② 进行风险评估时，可按有害因素（有害作业）的类别划分单元。例如，将噪声、辐射、粉尘、毒物、高温、低温、体力劳动强度危害的场所各划分为一个评价单元。

2. 以装置和物质的特征划分单元

下列单元划分原则并不是孤立的，是有内在联系的，划分单元时应综合考虑各方面因素。

应用火灾爆炸危险指数法、单元危险性快速排序法等评价方法进行火灾爆炸危险性评价时，除按下列原则外，还应依据评价方法的有关具体规定划分单元。

（1）按装置工艺功能划分

例如，按原料贮存区域，反应区域，产品蒸馏区域，吸收或洗涤区域，中间产品贮存区域；产品贮存区域，运输装卸区域，催化剂处理区域，副产品处理区域；废液处理区域；通入装置区的主要配管桥区；其他（过滤、干燥、固体处理、气体压缩等）区域。

（2）按布置的相对独立性划分

① 以安全距离、防火墙、防火堤、隔离带等与（其他）装置隔开的区域或装置部分可作为一个评价单元。

② 贮存区域内通常以一个或共同防火堤（防火墙、防火建筑物）内的贮罐、贮存空间作为一个评价单元。

（3）按工艺条件划分

按操作温度、压力范围的不同，划分为不同的评价单元，按开车、加料、卸料、正常运转、添加剂、检修等不同作业条件划分单元。

（4）按贮存、处理危险物质的潜在化学能、毒性和危险物质的数量划分

① 一个贮存区域内（如危险品库）贮存不同危险物质，为了能够正确识别其相对危险性，可作不同单元处理。

② 为避免夸大单元的危险性，单元的可燃、易燃、易爆等危险物质均有最低限量。例如，《陶氏化学公司火灾、爆炸危险指数评价法》（第七版）要求，单元内可燃、易燃、易爆等危险物质的最低限量为2270kg（5000磅）或$2.27m^3$（600加仑），小规模实验工厂上述物质的最低限量为454kg（1000磅）或$0.454m^3$（120加仑）。

(5) 根据以往事故资料划分

将发生事故能导致停产、波及范围大、造成巨大损失和伤害的关键设备作为一个单元，将危险、有害因素大且资金密度大的区域作为一个单元，将危险、有害因素特别大的区域、装置作为一个单元，将具在类似危险性潜能的单元合并为一个大单元。

3. 依据评价方法的有关具体规定划分

如ICI公司蒙德火灾、爆炸、毒性指标法需结合物质系数以及操作过程、环境或装置采取措施前后的火灾、爆炸、毒性和整体危险性指数等划分单元，故障假设分析方法则按问题分门别类，例如按照电气安全、消防、人员安全等问题分类划分单元，再如模糊综合评价法需要从不同角度（或不同层面）划分评价单元，再根据每个单元中的多个制约因素对事物作综合评价，建立各评价集。

（三）划分评估单元应注意的问题

① 在进行风险辨识、评估工作之前，应设计一套合适的工作表格，按照一定的方法来划分企业的作业活动，保证风险辨识工作的全面性。

② 在划分作业活动单元时，一般不会单一采用某一种方法，往往是多种方法同时采用。但是应注意，在同一层次上，一般不使用第二种划分方法。因为如果这样做，很难保证风险辨识的全面性。

四、风险辨识

（一）风险辨识方法

风险辨识是事故预防、安全评价、重大危险源监督管理、建立应急救援体系和职业健康安全管理体系的基础。许多系统安全评价方法，都可用来进行危险有害因素的辨识。危险有害因素的辨识需要选择合适的方法，应根据分析对象的性质、特点和分析人员的知识、经验和习惯来选用。常用的辨识方法大致可分为两大类[4-6]。

1. 经验分析法

经验分析法适用于有可供参考先例、有以往经验可以借鉴的危险有害因素辨识过程，不能应用在没有先例的新系统中。

(1) 对照分析法

对照分析法是对照有关标准、法规、检查表或依靠分析人员的观察分析能力，借助于经验和判断能力直观地分析评价对象的危险性和危害性的方法。对照分析法是辨识中常用的方法。其优点是简便、易行，其缺点是受辨识人员知识、经验和占有资料的限制，可能出现遗漏。为弥补个人判断的不足，常采取专家会议的方式来相互启发、交换意见、集思广益，使危险有害因素的辨识更加细致、具体。

对照事先编制的检查表辨识危险有害因素，可弥补知识、经验不足的缺陷，具有方便、实用、不易遗漏的优点，但必须事先编制完备适用的检查表。

(2) 类别推断法

类别推断法是利用相同或相似系统或作业条件的经验和安全生产事故的统计资料来类推、分析评价对象的危险有害因素，它是实践经验的积累和总结。对那些相同的企业，它们在事故类别、伤害方式、伤害部位、事故概率等方面极其相近，作业环境的监测数据、尘毒浓度等方面也具有相似性，它们遵守相同的规律，这就说明其危险有害因素和导致的后果是完全可以类推的。

2. 系统安全分析方法

系统安全分析方法是应用系统安全工程评价方法进行危险有害因素辨识。该方法常用于复杂系统和没有事故经验的新开发系统。常用的系统安全分析方法有事件树分析法（ETA）、事故树分析法（FTA）、故障模式及影响分析法（FMEA）、预先危险性分析法（PHA）、安全检查表法（SCA）、危险指数法等。

（二）风险辨识过程

危险有害因素辨识过程具体涉及以下几个方面：

1. 确定危险有害因素的分布

将危险有害因素进行总结归纳，得出系统中存在哪些种类危险有害因素及其分布状态的综合资料。

2. 确定危险有害因素的内容

为了有序、方便地进行分析，防止遗漏，宜按厂址、平面布局、建筑物、物质、生产工艺及设备、辅助生产设施（包括公用工程）、作业环境等分别分析其存在的危险有害因素，列表登记。

3. 确定伤害（危害）方式

伤害（危害）方式指对人体造成伤害、对人身健康造成损坏的方式。例如，机械伤害的挤压、咬合、碰撞、剪切等，中毒的靶器官，生理功能异常，生理结构损伤形式（如黏膜糜烂、自主神经紊乱、窒息等），粉尘在肺泡内阻留，肺组织纤维化，肺组织癌变等。

4. 确定伤害（危害）途径和范围

大部分危险有害因素是通过直接接触造成伤害；爆炸是通过冲击波、火焰、飞溅物体在一定空间范围内造成伤害；毒物是通过直接接触（呼吸道、食道、皮肤黏膜等）或在一定区域内通过呼吸带入的空气作用于人体；噪声是通过一定距离的空气损伤听觉。

5. 确定主要危险有害因素

对导致事故发生的直接原因、诱导原因进行重点分析，从而为确定评价目标和评价重点、划分评价单元、选择评价方法和采取控制措施、计划提供依据。

6. 确定重大危险有害因素

分析时要防止遗漏，特别是对可导致重大事故的危险有害因素要给予特别关注，不得忽略。不仅要分析正常运转、操作时的危险有害因素，更重要的是要分析设备、装置破坏及操作失误可能产生严重后果的危险有害因素。

五、风险评估方法

风险评估分级的基本思想是基于风险理论的数学关系，如果能够定量计算出风险程度，则可根据风险程度水平来进行风险分级。但是，在实际的风险管理过程中很难进行精确和定量的风险计算，因此，常用定性或半定量的方法进行风险定量[1,7]。

20 世纪 60 年代以来，许多工业发展国家所开发、实施的定量评价方法，主要包括指数法和概率法两大类。

1. 指数法

指数评价法的首创，应推美国陶氏化学公司。它用火灾爆炸指数 F&E 作为衡量化工厂安全评价的标准。该方法问世三十多年来，已经过六次修订。为了使其更符合工艺过程实际，其第六版在前几版基础上进行了较大的修改。

第七版的评价数学模型为：

$$F\&EI = MF \times F_1 \times F_2 \tag{3-4}$$

式中　MF——物质系数；

F_1——一般工艺危险系数；

F_2——特殊工艺危险系数。

F&EI 求出后，可进一步确定危险影响范围及可能造成的最大财产和停工损失。对于控制作用，由三个小于 1 的系数 C_1、C_2、C_3 的连乘积再与基本最大可能损失相乘，可得出实际损失估计值。

该评价法对于 MF 及 F_1、F_2 的确定作出了具体的规定，并采用了大量图表。

该评价法也存在不少缺点，例如其中各个参数伸缩性过大，选用时缺乏一定的标准，如一般工艺危险中的放热反应，其系数范围为 0.3～1.25，给评价工作带来一定困难，并且可能会影响评价结果的准确度，甚至出现谬误。

英国帝国化学公司（ICI）蒙德（Mond）分部在陶氏化公司的火灾、爆炸危险指数法的基础上，进一步补充、完善了有关内容，最后形成了具有自身特色的帝国化学公司危险度评价法。与《陶氏化学公司的火灾、爆炸危险指数法》相比，该方法主要有以下特点：

① 增加或突出了特殊物质危险值、布置危险值、数量危险值、毒性危险值等对物质系数的修正系数。

② 增加了火灾负荷系数 F、单元毒性指数 U、主毒性指数 C、爆炸指数 E、气体爆炸指数 A 等单项指标和综合危险性指标 R。

③ 由容器危险性 K_1、管理 K_2、安全态度 K_3、防火设施 K_4、物质隔离 K_5、消防活动 K_6 六因素（每个因素取值均小于 1）组成控制因素，以其连乘积对 R 进行修正，其数学模型为：

$$R_2 = R_1 \times K_1 \times K_2 \times K_3 \times K_4 \times K_5 \times K_6 \tag{3-5}$$

日本劳动省发表的“化工企业六步骤安全评价法”也是以陶氏法为蓝本开

发出来的。它是定性、定量相结合的一种评价方法。其定量部分的数学模型为：

$$F=M+V+T+P+O \tag{3-6}$$

式中，F 为评价指数；M 为物质系数；V 为容量系数；T 为工作温度系数；P 为工作压力系数；O 为操作系数。

该评价法将 M、V、T、P、O 各分为四个等级，分别赋予 10 点、5 点、2 点、0 点之值，评价时按这些因素的实评点数之和来评定该单元的危险等级，并分别制定相应的安全措施。对一级危险还要求进行 ETA 和 FTA 评价。

该评价法比较强调实用性和操作方便性，但其评价模型与系统安全状态呈现一种扭曲的映象关系（M 与 V、T、P 不能是和的关系），且评点过于粗糙，同样也难以保证评价的准确性。

2. 概率法

美国国防部的系统安全标准（MIL-STD-882）是使用概率法的典型。自 1962 年颁布以来，经过 5 次修改，至 1984 年形成 882B（据 1991 年有关文献披露，已有 882C，但未见文本和有关内容报道），是问世最早的安全系统工程标准文件。自 1977 年修订版 882A 颁发以后，经美国国家标准学会（ANSI）、机械工程师学会（ASME）大力推广，已成功地应用于美国许多民用工业部门[8-10]。

该标准的主要特点是：要求在系统寿命期的全过程，从规划、设计、制造到运行等各阶段，都要考虑消除或控制危险；针对各阶段特点不同，规定不同的危险分析方法、工作原则以及统一的文件规格；各级有关人员责任明确。

例如，在系统寿命周期内，总的要求如下：

① 在既定任务条件下，要求系统设计先进、经济、有效、安全。

② 强调在整个周期内，辨识、评价、消除或控制危险，使之降到可以接受的水平。

③ 采用其他系统已经证实的安全数据。

④ 采用危险最小的设计方案、材料、工艺、技术。

⑤ 开发新系统时须注意避免因改善安全条件而返工。

⑥ 任何修改不应降低安全水平。

⑦ 系统产生的具有危险性的材料易于处理。

从第②条要求可见，评价在882B中仍有重要地位。

此外，又提出系统寿命周期内，不同阶段的具体要求：在开发初期，要求评价系统寿命周期内，所有影响安全的问题，利用PHA进行危险辨识、分析；在全面开发阶段，要求提出作业和后勤维修的危险分析评价，以及对仓储、包装、运输、试验操作等进行评价。

评价时，对危险的量化，采取严重程度、发生概率二维定性（半定量）分级办法，具体标准见表3-1、表3-2。

表3-1 危险严重程度分级

级别	损伤程度
0	造成社会灾难或特大伤亡事故
Ⅰ	重大死亡事故或主要系统毁灭
Ⅱ	个别人死亡、重伤或主要系统损坏
Ⅲ	个别人轻伤或主要系统轻度损坏
Ⅳ	人员微伤或装置部件受损

表3-2 危险发生概率二维定性分级

级别	发生频度特征	概率值
A	可能经常发生(每天可能发生)	10^{-1}
B	很容易发生(每周可能发生)	10^{-2}
C	容易发生(每月可能发生)	10^{-3}
D	很可能发生(每年可能发生)	10^{-4}
E	寿命期内可能发生(每十年可能发生)	10^{-5}
F	寿命期内几乎不发生(每百年可能发生)	10^{-6}

可以通过对同类系统历史资料的统计、分析、评价获得危险概率参考数据。值得注意的是，1977年修订882A时，概率还有一级“不可能发生的”，882B则取消了这一级，这样做较稳妥，“不可能发生的”似乎绝对化了，将使人滋生麻痹思想。

882做法与ICI. Mond大相径庭，严重度、概率分级粗放，一般不至于混淆，美国国防部按此办法执行数十年，可见有其可取之处。

在美国，除国防部外，能源部、航天航空系统也以危险概率法进行安全评价，西欧一些国家也采取这一做法。

从上面介绍的国外著名的几种评价方法看，虽然互有短长，但其共同特点是，未充分考虑系统运行时的动态特性。

参考文献

[1] 罗聪，徐克，刘潜，等．安全风险分级管控相关概念辨析［J］．中国安全科学学报，2019，29(10)：43-50.

[2] 徐克，陈先锋．基于重特大事故预防的“五高”风险管控体系［J］．武汉理工大学学报(信息与管理工程版)，2017，39(06)：649-653.

[3] 王先华．安全控制论原理和应用［J］．兵工安全技术，1999，(4)：14-16.

[4] 陈少荣．安全生产风险管理与控制［M］．北京：化学工业出版社，2013.

[5] 王显政．安全评价［M］．3版．北京：煤炭工业出版社，2005.

[6] 邵辉．危险化学品生产风险辨识与控制［M］．北京：石油工业出版社，2011.

[7] 王先华．钢铁企业重大风险辨识评估技术与管控体系研究［A］．中国金属学会冶金安全与健康分会．2019年中国金属学会冶金安全与健康年会论文集［C］．中国金属学会冶金安全与健康分会：中国金属学会，2019：3.

[8] 郑恒，周海京．概率风险评价［M］．北京：国防工业出版社，2011.

[9] 王先华，吕先昌，秦吉．安全控制论的理论基础和应用［J］．工业安全与防尘，1996，(1)：1-6，49.

[10] 王先华．安全控制论在安全生产风险管理应用研究［A］．中国金属学会冶金安全与健康分会．2018年中国金属学会冶金安全与健康年会论文集［C］．中国金属学会冶金安全与健康分会：中国金属学会，2018：10.

第四章 基于遏制重特大事故的“五高”风险管控理论

第一节　概念提出

为防范和遏制重特大事故，《国务院安委会办公室关于实施遏制重特大事故工作指南全面加强安全生产源头管控和安全准入工作的指导意见》（安委办〔2017〕7号）提出，要着力构建集规划设计、重点行业领域、工艺设备材料、特殊场所、人员素质“五位一体”的源头管控和安全准入制度体系，减少高风险项目数量和重大危险源，全面提升企业和区域的本质安全水平[1,2]。

国内近年发生的重特大事故表明，以行业为重点预防重特大事故的管理思路已经不能适应当前安全生产的实际，如何针对重特大事故建立一套具有精准性、前瞻性、系统性和全面性的防控体系，是亟须解决的一个重大课题。徐克等以安全科学相关理论为基础，结合国家法律法规政策，针对我国安全生产实际，提出以风险防控为核心的“五高”概念及风险管控体系[3]。

早期事故控制理论以海因里希因果理论、能量理论、轨迹交叉论为代表，有效说明了事故原因与事故结果之间的逻辑关系，尤其是指出了“人的不安全行为”“物的不安全状态”在导致事故过程中的作用。传统高危行业因其人员密集、物料危险、工艺复杂，比较契合事故致因理论的模型。然而，这种传统的事故控制模型以事故为研究对象，存在先天的“滞后性”和“被动性”，其查找的原因、制定的措施并不具有普适性，更无法有效预防不同类型、行业的重特大事故。近几年来多起重特大事故调查，事故原因千篇一律地聚焦于“人的安全意识”“管理方式”“制度执行”等方面，没有在企业安全规律、事故本质特征、生产系统等方面进行深入探究，并且在现有安全生产实践过程中，重特大事故控制方法或手段大多以此为基础，包括隐患排查治理体系等[4]。

墨菲定律指出，风险无处不在，并且表现出较大的隐蔽性和偶发性，在生产过程中大多并没有在短期内以“不安全行为”“不安全状态”的形式被人感知。因而企业投入大量人力、物力进行筛选式的隐患排查，仍无法控制事故的发生。“五高”风险防控模型运用安全科学原理，构建系统的事故防控模型。

“五高”风险最早是由原湖北省安监局提出的。2013年12月在湖北省隐患排查体系建设中首次将其纳入培训内容，2015 年，原国家安全生产监督管理总局在重庆召开部分省市安监局长座谈会，湖北省就“五高”风险管控做了汇报也得到了肯定；2016 年，海峡两岸及香港、澳门地区职业安全健康学术研讨会上进行论文交流发表；同年，《中共中央国务院关于推进安全生产领域改革发展的意见》[1] 提出，建立安全预防控制体系。企业要定期开展风险评估和危害辨识。针对高危工艺、设备、物品、场所和岗位，建立分级管控制度，制定并落实安全操作规程。

2017 年，湖北省安全“十三五”规划提出，强化风险管控，以遏制重特大事故为重点，加强各行业领域“五高”的风险管控。里面明确将“五高”定义为：高风险设备、高风险工艺、高风险物品、高风险场所、高风险作业。

第二节 “五高”内涵

“五高”即高风险设备、高风险工艺、高风险物品、高风险场所、高风险作业。

高风险设备：指生产过程中设备本身具有高能量并且可能导致能量意外释放的设备，如特种设备、带电设备、高温设备、高速交通工具等。高风险设备因其具有较高的能量，一旦发生能量意外释放并接触人体，可能导致伤害事故。能量具有多种形态，如机械能、电能、化学能、辐射能、电磁能等，高风险设备是其主要载体[5,6]。

高风险工艺：指生产流程中由于工艺本身的状态和属性发生变化，可能导致安全事故发生的工艺过程，如加热、冷冻、增压、减压、放热反应、带电作业、动火作业、吊装、破拆、筑坝等。化工生产中的硝化、氧化、磺化、氯化、氟化、氨化、重氮化、过氧化、加氢、聚合、裂解等工艺就是高风险工艺。工艺状态和属性的变化可能会改变旧有安全-风险平衡体系，原有的风险防控措施无法适应新的变化，引起风险增加，导致事故。

高风险物品：主要指具有爆炸性、易燃性、放射性、毒害性、腐蚀性等的物品。高风险物品因其特有的物理、化学性质，作用于人体导致伤害。

高风险场所：指易发安全事故的场所或环境，如地下矿山、建筑工地、公路、有限空间、可能有毒害粉尘的车间、可能发生有毒害气体泄漏的车间、水上（下）作业场所、高空作业场所以及车站、集会场馆等人员密集场所等。高风险场所因其致害物相对较多或能量意外释放的可能性相对较大，当人员进入高风险场所后，事故发生的可能性和后果的严重性均会增加。

高风险作业：指具有易诱发安全事故的人员作业行为，如特种作业、危险作业、特种设备作业等。高风险作业因其岗位、工种、操作的特殊性，在整个系统环境中具有十分重要的地位，其行为的不安全性极易导致事故发生。人群行为的不安全性可能来自技能、生理、心理、外在条件等因素的影响。

结合实际情况，在“基于遏制重特大事故的企业重大风险辨识评估技术与管控体系研究项目”中，将“五高”进行简化提炼，具体定义如下：

高风险设备：指运行过程中失控可能导致重特大事故的设备设施，如高炉、矿井提升机等。

高风险工艺：指工艺过程失控可能导致重特大事故的工艺，如危险化学品企业的重点工艺等。

高风险物品：指可能导致重特大事故的高温熔融金属、煤气、易燃易爆物品、危险化学品等物品。

高风险场所：指一旦发生事故可能导致重特大事故后果的场所，如重大危险源、劳动密集型场所等。

高风险作业：指失误可能导致重特大事故的作业，如特种作业、危险作业、特种设备作业等。

第三节 基于遏制重特大事故的“五高”风险管控思想

以防范重特大事故为前提提出的“五高”风险的概念及其管控模式，为系统解决当前安全生产工作中的突出矛盾提供了思路和方法[7]。结合大数据、数据融合等技术，提出了“五高”风险辨识的系统方法，降低了传统风险辨识方法的主观性和分散性问题，并实现了“五高”风险清单的动态管理。从机制、技术、方法层面构建了“五高”风险管控体系，从而实现“五高”风险的靶向管控[3,5,6,8,9]。

1. 基于“五高”的重大风险辨识

就企业而言，以车间为单元，充分利用现有的隐患排查体系，对照“五高”辨识本车间的风险。就区域而言，以村（社区）为单元，充分利用网格化管理体系对照“五高”辨识本区域的风险。

2. 根据需要建立“五高”风险库

“五高”风险管控分为多个层面，包括基于国家或省、市、县、乡镇（街道办事处）、村（社区）或者跨行政区的区域重大风险管控体系，基于企业内部的重大风险管控体系和基于行业（领域）的重大风险管控体系等。按照管控层面，集合“五高”风险，分别绘制电子分布图。

3. 重大风险的评估分级

对重大风险进行分类梳理，形成信息化需求的风险评估指标体系，建立风险评估模型，并确定风险分级标准。

4. 构建“五高”风险分级管控机制

省、市、县政府及其负有安全生产监管职责的乡镇部门（街道办事处）分别负责一级、二级、三级、四级风险的预警，监督下级政府、部门以及企业以降低风险。企业风险管控机制：落实安全生产主体责任，主动采取措施降低风险。从机制、技术、方法层面构建“五高”风险管控体系，从而实现“五高”风险的精准管控。

参考文献

[1] 中共中央国务院关于推进安全生产领域改革发展的意见 [Z]. 2016-12-09.

[2] 国务院安委会办公室关于实施遏制重特大事故工作指南构建双重预防机制的意见 [Z]. 2016-10-09.

[3] 徐克,陈先锋．基于重特大事故预防的“五高”风险管控体系［J］．武汉理工大学学报(信息与管理工程版),2017,39(06):649-653.

[4] 王先华，吕先昌，秦吉．安全控制论的理论基础和应用［J］．工业安全与防尘，1996,(1):1-6，49.

[5] 王先华．钢铁企业重大风险辨识评估技术与管控体系研究［A］．中国金属学会冶金安全与健康分会．2019 年中国金属学会冶金安全与健康年会论文集［C］．中国金属学会冶金安全与健康分会:中国金属学会,2019:3.

[6] 王先华,夏水国,王彪．企业重大风险辨识评估技术与管控体系研究［A］．中国金属学会冶金安全与健康分会．2019 年中国金属学会冶金安全与健康年会论文集［C］．中国金属学会冶金安全与健康分会:中国金属学会,2019:3.

[7] 王彪,刘见,徐厚友,等．工业企业动态安全风险评估模型在某炼钢厂安全风险管控中的应用［J］．工业安全与环保,2020,46(4):11-16.

[8] 叶义成．非煤矿山重特大风险管控［A］．中国金属学会冶金安全与健康分会．2019 中国金属学会冶金安全与健康年会论文集［C］．中国金属学会冶金安全与健康分会:中国金属学会,2019:6.

[9] 罗聪,徐克,刘潜，等．安全风险分级管控相关概念辨析［J］．中国安全科学学报,2019,0(10):43-50.

第五章 单元风险辨识与评估技术

第一节　风险辨识对象确定的原则

风险辨识以风险单元、风险点为对象，具体定义如下：

(1) 风险单元

一般以相对独立的工艺系统作为固有风险辨识评估单元。该单元的划分原则兼顾了单元安全风险管控能力与安全生产标准化管控体系的无缝对接。

(2) 风险点

在风险单元区域内，以可能诱发该单元重特大事故的点作为风险点。采取单元到风险点的“五高”重大风险辨识方法。以存在相对独立的工艺系统为固有风险评估单元；结合实地调研和事故案例分析的结果，以可能诱发该单元重特大事故的点作为风险点；基于单元内的事故风险点，从“五高”即高风险设备、高风险工艺、高风险物品、高风险场所、高风险作业层面辨识高危风险因子，并形成单元高危风险辨识清单[1]。

第二节　风险单元划分结果

风险评估单元以相对独立的工艺系统作为固有风险辨识评估单元，划分评估单元是为实现评估目标和评估方法服务的。为便于评估工作的有序进行，提高评估工作的可操作性，评估单元根据各系统中单元现状特点进行划分，并考虑危险、有害因素的类别和重点危险因素的分布等情况，将具有共性危险、有害因素的场所划为一个单元。

各行业风险单元划分结果如下：

1. 非煤矿山[2]

根据非煤矿山企业的实际情况、有关技术资料和现场调查、类比调查的结果，以及地下矿山、露天矿山、尾矿库系统的特点，首先在危险有害因素辨识、分析的基础上，遵循突出重点，抓主要环节的原则，将非煤矿山企业整个系统划分为如下评估单元，见表 5-1。

表 5-1 非煤矿山风险单元

系统	风险单元	部位
非煤矿山	地下矿山	井巷、采场、炸药库、巷道、放矿口、充填站、充填管路、通风机房、作业面、配电硐室、提升系统、天溜井、用电设施场所、防排水系统、机修厂、机修硐室、油库、加油站、风压机房、地面供水站等
	露天矿山	工作平台、边坡、运输道路、配电系统、用电设施场所、防排水系统、机修厂、机修硐室、油库、加油站、风压机房
	尾矿库	坝体、排洪构筑物、库区道路、尾矿库用电设施、监测监控设施、应急设施及器材、周边环境

2. 金属冶炼行业[3,4]

国家将金属冶炼纳入重点监管的行业（领域）范畴，金属冶炼是有色、冶金以及机械制造等行业冶炼过程中的相关生产工艺，其过程存在高温熔融金属（含熔渣）爆炸、喷溅、泄漏等安全风险，易造成群死群伤事故，金属冶炼工艺主要包括几种：

① 铁冶炼、钢冶炼、铁水预处理、炉外精炼和连铸工艺。

② 有色金属火法冶炼工艺。

③ 铁合金生产工艺。

④ 黑色、有色金属铸造的熔炼、精炼和铸造工艺。

⑤ 有色金属合金制造的熔炼、精炼和铸造工艺。

根据《安全生产法》《冶金企业和有色金属企业安全生产规定》《金属冶炼目录》等政策文件精神，并依据工艺特点，划分金属冶炼行业的评估单元，最后分析单元内的事故风险点，辨识评估风险点的“五高”。

将金属冶炼行业按工艺特点划分风险单元，见表 5-2。

表 5-2　金属冶炼行业风险单元

评估对象	风险单元	备注
金属冶炼行业	炼铁	高炉炼铁，直接还原法炼铁，熔融还原法炼铁
	炼钢	铁水预处理，转炉炼钢，电炉（含中频炉等电热设备）炼钢，钢水炉外精炼，钢水连铸
	黑色金属铸造	高炉铸造生铁，模铸，重熔铸造（含金属熔炼、精炼、浇铸）
	铁合金冶炼	高炉法冶炼，氧气转炉、电炉（含矿热炉、中频炉等电热设备）法冶炼，炉外法（金属热法）冶炼
	铜冶炼	冰铜熔炼，铜锍吹炼，粗铜火法精炼
	铅锌冶炼	铅冶炼：氧化熔炼，还原熔炼，火法精炼
		锌冶炼：还原熔炼，粗锌精炼
	镍钴冶炼	镍冶炼：造锍熔炼，镍锍吹炼，还原熔炼
	锡冶炼	还原熔炼，火法精炼
	锑冶炼	挥发熔炼，还原熔炼，火法精炼
	铝冶炼	氧化铝熔融电解
	镁冶炼	硅热还原法炼镁，氯化镁熔盐电解，粗镁精炼
	其他稀有金属冶炼	钛冶炼：富钛料制取，氯化，粗 $TiCl_4$ 精制及海绵钛生产（金属热还原法）
		钒冶炼：金属热还原法炼钒，硅热还原法炼钒，真空碳热还原法炼钒，熔盐电解精炼
	有色金属合金制造	通过熔炼、精炼等方式，在某一有色金属中加入一种或几种其他元素制造合金的生产活动
	有色金属铸造	液态有色金属及其合金连续铸造，模铸，重熔铸造（含金属熔炼、浇铸）

3. 工贸行业[5-14]

工贸行业子行业种类繁多，包含 8 个子行业——冶金行业、有色金属行业、机械行业、建材行业、纺织行业、轻工行业、烟草行业以及商贸行业；同时各个子行业又涉及较多的子品类，且品类间的差异较大。因此进行工贸行业风险辨识的第一步工作是分行业辨识，总共分为 6 大行业（除去冶金行业以及有色金属行业）。

另外，《国家安全监管总局关于印发工贸行业遏制重特大事故工作意见的通知》（安监总管四［2016］68号）以及2017年的《工贸行业重大生产安全事故隐患判定标准》指出，要加强对工贸行业涉粉爆场所、液氨制冷领域、人员密集场所以及有限空间等易发生重特大事故的专项领域的治理和管控，因此在进行工贸行业风险辨识时，把这4大类作为工作重点单独提出来。

工贸行业风险辨识采取的是“6＋4”的模式，以6大子行业（轻工行业、建材行业、机械行业、纺织行业、烟草行业、商贸行业）为依托，侧重4大类重点专项领域的辨识评估工作。工贸行业进行风险辨识与评估的第一步是梳理工贸行业的子行业，并根据国家政策提炼四大重点专项领域；进而依据工艺特点，划分各个子行业的评估单元；最后分析单元内的事故风险点，辨识评估风险点的“五高”。工贸行业共分为6个子行业，共计50个单元，127个风险点，详见表5-3～表5-9。

表5-3 工贸行业风险单元

行业	风险单元	风险点
轻工	24	57
建材	6	23
机械	8	18
纺织	4	11
烟草	6	16
商贸	2	2
合计	50	127

表5-4 轻工行业风险单元与风险点划分表

序号	风险单元	风险点	事故类型
1	谷物磨制、饲料加工	粉尘爆炸事故风险点	制粉机、磨粉机及输送设备、除尘系统
		有限空间中毒、窒息事故风险点	粮仓(筒仓、平房仓)
		坍塌事故风险点	粮仓(筒仓、平房仓)
2	植物油加工	有限空间中毒、窒息事故风险点	有限空间
		粉尘爆炸事故风险点	粉尘爆炸事故
3	制糖业	粮食粉尘爆炸事故风险点	粉尘爆炸事故

续表

序号	风险单元	风险点	事故类型
4	淀粉及淀粉制品制造	粮食粉尘爆炸事故风险点	粉尘爆炸事故
		污水处理池有限空间事故风险点	有限空间
		玉米浸泡罐有限空间事故风险点	
5	乳制品制造	粉尘爆炸事故风险点	粉尘爆炸事故
		污水处理池有限空间事故风险点	有限空间
	乳制品制造涉氨制冷	涉氨制冷事故风险点	涉氨制冷事故
6	调味品、发酵制品制造，酱菜腌制	粮食粉尘爆炸事故风险点	粉尘爆炸事故
		发酵罐有限空间事故风险点	有限空间
		污水处理池有限空间事故风险点	
		发酵缸有限空间事故风险点	
		腌渍池有限空间事故风险点	
7	白酒制造	火灾爆炸事故风险点	火灾爆炸事故
		粉尘爆炸事故风险点	粉尘爆炸事故
		有限空间事故风险点	有限空间
8	啤酒制造	容器爆炸/灼烫事故风险点	容器爆炸/灼烫事故
		有限空间事故风险点	有限空间
	啤酒液氨制冷	液氨制冷事故风险点	液氨制冷事故
9	葡萄酒制造	容器爆炸事故风险点	容器爆炸
		火灾爆炸事故风险点	火灾爆炸事故
		液氨制冷事故风险点	液氨制冷事故
10	果菜汁及果菜汁制造液氨制冷	液氨制冷事故风险点	液氨制冷事故
11	肉制品及副产品加工、水产品加工、蔬菜加工、水果和坚果加工、速冻食品制造、冷冻饮品及食用冰制造液氨制冷	液氨制冷事故风险点	液氨制冷事故
12	方便食品制造	火灾爆炸事故风险点	火灾爆炸事故
13	食品及饲料添加剂制造	火灾爆炸事故风险点	火灾爆炸事故
		有限空间事故风险点	有限空间事故
	食品及饲料添加剂液氨制冷	液氨制冷事故风险点	液氨制冷事故
14	皮革鞣制加工	火灾爆炸事故风险点	火灾爆炸事故
		粉尘爆炸事故风险点	皮革

续表

序号	风险单元	风险点	事故类型
15	玻璃制品制造	煤气发生炉事故风险点	煤气发生炉事故
		天然气站及其场所爆炸事故风险点	天然气站及其场所爆炸事故
16	陶瓷、搪瓷制品制造	煤气事故风险点	煤气事故
		天然气爆炸事故风险点	天然气爆炸事故
17	金属制日用品制造	煤气事故风险点	煤气事故
		天然气爆炸事故风险点	天然气爆炸事故
		金属粉尘爆炸事故风险点	粉尘爆炸事故
18	自行车制造	金属粉尘爆炸事故风险点	粉尘爆炸事故
		漆雾爆炸事故风险点	漆雾爆炸事故
		天然气爆炸事故风险点	天然气爆炸事故
19	照明器具制造	煤气爆炸事故风险点	煤气事故
		天然气爆炸事故风险点	天然气爆炸事故
20	电池制造	火灾爆炸事故风险点	火灾爆炸事故
21	橡胶和塑料制品	粉尘爆炸事故风险点	粉尘爆炸事故
		有限空间事故风险点	有限空间事故
22	人造板制造	木质粉尘爆炸事故风险点	粉尘爆炸事故
		有限空间事故风险点	有限空间事故
23	家具制造业、地板制造	火灾爆炸事故风险点	火灾爆炸事故
		木质粉尘爆炸事故风险点	粉尘爆炸事故
24	造纸和纸制品业	有限空间事故风险点	有限空间事故
		容器爆炸事故风险点	容器爆炸事故
		液氯事故风险点	液氯事故
		天然气爆炸事故风险点	天然气爆炸事故

表 5-5 机械行业风险单元与风险点划分表

序号	风险单元	风险点	事故类型
1	铸造工艺	高温熔融金属爆炸事故风险点	高温熔融金属爆炸事故
		压力容器爆炸事故风险点	压力容器爆炸事故
		起重伤害事故风险点	起重伤害事故
2	焊接工艺	压力容器爆炸事故风险点	压力容器爆炸事故

续表

序号	风险单元	风险点	事故类型
3	机械加工工艺	粉尘爆炸事故风险点	粉尘爆炸事故
4	热处理工艺	液氨储罐火灾爆炸事故风险点	火灾爆炸事故
		液氨储罐中毒事故风险点	
		加热炉火灾爆炸事故风险点	
		加热炉中毒事故风险点	中毒事故
		淬火油槽火灾事故风险点	火灾事故
5	电镀工艺	电镀槽爆炸事故风险点	爆炸事故
		电镀危险化学品储存爆炸事故风险点	
		压力容器爆炸事故风险点	压力容器爆炸事故
6	涂装工艺	喷漆室火灾爆炸事故风险点	火灾爆炸事故
		浸涂槽火灾爆炸事故风险点	
		烘干室火灾爆炸事故风险点	
7	油库及加油站	油库火灾爆炸事故风险点	火灾爆炸事故
8	燃气调压站	燃气调压站火灾爆炸事故风险点	火灾爆炸事故

表 5-6　纺织行业风险单元与风险点划分表

序号	风险单元	风险点	事故类型
1	棉纺织加工	粉尘爆炸事故风险点	粉尘爆炸事故
		热煤炉火灾爆炸事故风险点	火灾爆炸事故
		联苯箱体火灾爆炸事故风险点	火灾爆炸事故
		中毒事故风险点	中毒事故
2	染整加工	汽化室火灾爆炸事故风险点	火灾爆炸事故
		燃气储罐火灾爆炸事故风险点	
		危险化学品储存仓库火灾爆炸事故风险点	
		有限空间中毒事故风险点	有限空间中毒事故
		压力容器爆炸事故风险点	压力容器爆炸事故
3	原料仓库	火灾事故风险点	火灾事故
4	动力供应	压力容器爆炸事故风险点	压力容器爆炸事故

表 5-7 烟草行业风险单元与风险点划分表

序号	风险单元	风险点	事故类型
1	制丝	制丝车间、除尘系统、生产设备设施粉尘爆炸事故风险点	粉尘爆炸事故
		香料配置罐有限空间中毒窒息事故风险点	有限空间中毒窒息事故
		烟丝膨胀炉有限空间中毒窒息事故风险点	
		CO_2 储罐有限空间中毒窒息事故风险点	
		制丝车间火灾事故风险点	火灾事故
2	卷接	卷接车间、除尘系统、生产设备设施粉尘爆炸事故风险点	粉尘爆炸事故
		卷接车间火灾事故风险点	火灾事故
3	动力	地埋罐中毒窒息事故风险点	中毒窒息事故
		分汽缸中毒窒息事故风险点	
		油库火灾爆炸事故风险点	火灾爆炸事故
		锅炉火灾爆炸事故风险点	
4	原料仓库	原料仓库本体火灾事故、中毒窒息事故风险点	火灾事故
			中毒窒息事故
5	成品/半成品库	成品/半成品仓库本体火灾事故、中毒窒息事故风险点	火灾事故
			中毒窒息事故
6	露天堆场	烟草露天堆场火灾事故风险点	火灾事故

表 5-8 建材行业风险单元与风险点划分表

序号	风险单元	风险点	事故类型
1	水泥制造	煤粉制备系统粉尘爆炸事故风险点	粉尘爆炸事故
		原料磨系统有限空间中毒窒息事故风险点	有限中毒窒息事故
		柴油罐爆炸事故风险点	爆炸事故
		回转窑爆炸事故风险点	
		筒形存储库有限空间中毒事故风险点	有限空间中毒事故
		余热发电锅炉爆炸事故风险点	爆炸事故

续表

序号	风险单元	风险点	事故类型
2	平板玻璃制造	玻璃窑炉火灾爆炸事故风险点	火灾爆炸事故
		锡槽配气间火灾爆炸事故风险点	火灾爆炸事故
		镀膜间火灾爆炸事故风险点	
		二氧化硫供气间中毒事故风险点	中毒事故
3	平板玻璃辅助系统	液氨罐、中间储罐火灾爆炸事故风险点	火灾爆炸事故
		煤气发生炉火灾爆炸事故风险点	
		氢气发生站火灾爆炸事故风险点	
4	建筑卫生陶瓷制造	造粒/喷雾干燥塔有限空间中毒事故风险点	有限空间中毒事故
		窑炉有限空间中毒事故风险点	有限空间中毒事故
		窑炉火灾爆炸事故风险点	火灾爆炸事故
		煤气发生炉火灾爆炸事故风险点	火灾爆炸事故
		煤气发生炉有限空间中毒事故风险点	有限空间中毒事故
5	耐火材料制品制造	煤气发生炉火灾爆炸事故风险点	火灾爆炸事故
		煤气发生炉有限空间中毒事故风险点	有限空间中毒事故
		有限空间中毒事故风险点	有限空间中毒事故
6	石膏板制造	导热油系统火灾爆炸事故风险点	火灾爆炸事故
		仓库火灾爆炸事故风险点	火灾爆炸事故

表 5-9　商贸行业风险单元与风险点划分表

序号	风险单元	风险点	事故类型
1	电梯单元	电梯事故风险点	电梯事故
2	人员密集单元	人员密集踩踏事故风险点	踩踏事故

4. 危险化学品企业[15,16]

危险化学品企业风险评估单元包括《国家安全监管总局关于公布首批重点监管的危险化工工艺目录的通知》（安监总管三［2009］116 号）中列出的 15 种危险化工工艺、《国家安全监管总局关于公布第二批重点监管的危险化工工艺目录和调整首批重点监管危险化工工艺中部分典型工艺的通知》（安监总管三［2013］3 号）中列出的 3 种危险化工工艺以及危险化学品储罐区和仓库，共 20 个风险评估单元。

危险化学品企业安全风险单元与风险点划分见表5-10。

表5-10 危险化学品企业风险单元与风险点划分表

序号	风险单元	备注
1	光气与光气化工艺	光气及光气化工艺包含光气的制备工艺，以及以光气为原料制备光气化产品的工艺路线，光气化工艺主要分为气相和液相两种。 将“异氰酸酯的制备”列入“光气及光气化工艺”的典型工艺中
2	氯碱工艺	电流通过电解质溶液或熔融电解质时，在两个电极上所引起的化学变化称为电解反应。涉及电解反应的工艺过程称为电解工艺。许多基本化学工业产品（氢、氧、氯、烧碱、过氧化氢等）的制备，都是通过电解来实现的
3	氯化工艺	氯化是化合物的分子中引入氯原子的反应，包含氯化反应的工艺过程称为氯化工艺，主要包括取代氯化、加成氯化、氧氯化等。将“次氯酸、次氯酸钠或*N*-氯代丁二酰亚胺与胺反应制备*N*-氯化物”“氯化亚砜作为氯化剂制备氯化物”列入“氯化工艺”的典型工艺中
4	硝化工艺	硝化是有机化合物分子中引入硝基（$—NO_2$）的反应，最常见的是取代反应。硝化方法可分成直接硝化法、间接硝化法和亚硝化法，分别用于生产硝基化合物、硝胺、硝酸酯和亚硝基化合物等。涉及硝化反应的工艺过程称为硝化工艺。 将“硝酸胍、硝基胍的制备”“浓硝酸、亚硝酸钠和甲醇制备亚硝酸甲酯”列入“硝化工艺”的典型工艺中
5	合成氨工艺	氮和氢两种组分按一定比例（1∶3）组成的气体（合成气），在高温、高压下（一般为400～450℃，15～30MPa）经催化反应生成氨的工艺过程
6	裂解（裂化）工艺	裂解是指石油系的烃类原料在高温条件下，发生碳链断裂或脱氢反应，生成烯烃及其他产物的过程。产品以乙烯、丙烯为主，同时副产丁烯、丁二烯等烯烃和裂解汽油、柴油、燃料油等产品。 烃类原料在裂解炉内进行高温裂解，产出组成为氢气、低/高碳烃类、芳烃类以及馏分为288℃以上的裂解燃料油的裂解气混合物。经过急冷、压缩、激冷、分馏以及干燥和加氢等方法，分离出目标产品和副产品。 在裂解过程中，同时伴随缩合、环化和脱氢等反应。由于所发生的反应很复杂，通常把反应分成两个阶段。第一阶段，原料变成的目的产物为乙烯、丙烯，这种反应称为一次反应。第二阶段，一次反应生成的乙烯、丙烯继续反应转化为炔烃、二烯烃、芳烃、环烷烃，甚至最终转化为氢气和焦炭，这种反应称为二次反应。裂解产物往往是多种组分的混合物。影响裂解的基本因素主要是温度和反应的持续时间。化工生产中用热裂解的方法生产小分子烯烃、炔烃和芳香烃，如乙烯、丙烯、丁二烯、乙炔、苯和甲苯等

续表

序号	风险单元	备注
7	氟化工艺	氟化是化合物的分子中引入氟原子的反应，涉及氟化反应的工艺过程称为氟化工艺。氟与有机化合物作用是强放热反应，放出大量的热可使反应物分子结构遭到破坏，甚至着火爆炸。氟化剂通常为氟气、卤族氟化物、惰性元素氟化物、高价金属氟化物、氟化氢、氟化钾等。 将“三氟化硼的制备”列入“氟化工艺”的典型工艺中
8	加氢工艺	加氢是在有机化合物分子中加入氢原子的反应，涉及加氢反应的工艺过程称为加氢工艺，主要包括不饱和键加氢、芳环化合物加氢、含氮化合物加氢、含氧化合物加氢、氢解等
9	重氮化工艺	一级胺与亚硝酸在低温下作用，生成重氮盐的反应。脂肪族、芳香族和杂环的一级胺都可以进行重氮化反应。涉及重氮化反应的工艺过程称为重氮化工艺。通常重氮化试剂是由亚硝酸钠和盐酸作用临时制备的。除盐酸外，也可以使用硫酸、高氯酸和氟硼酸等无机酸。脂肪族重氮盐很不稳定，即使在低温下也能迅速自发分解，芳香族重氮盐较为稳定
10	氧化工艺	氧化是有电子转移的化学反应中失电子的过程，即氧化数升高的过程。多数有机化合物的氧化反应表现为反应原料得到氧或失去氢。涉及氧化反应的工艺过程称为氧化工艺。常用的氧化剂有：空气、氧气、双氧水、氯酸钾、高锰酸钾、硝酸盐等。 将“克劳斯法气体脱硫”“一氧化氮、氧气和甲（乙）醇制备亚硝酸甲（乙）酯”“以双氧水或有机过氧化物为氧化剂生产环氧丙烷、环氧氯丙烷”列入“氧化工艺”的典型工艺中
11	过氧化工艺	向有机化合物分子中引入过氧基（—O—O—）的反应称为过氧化反应，得到的产物为过氧化物的工艺过程称为过氧化工艺。 将“叔丁醇与双氧水制备叔丁基过氧化氢”列入“过氧化工艺”的典型工艺中
12	胺基化工艺	胺化是在分子中引入胺基（R_2N—）的反应，包括 R—CH_3 烃类化合物（R：氢、烷基、芳基）在催化剂存在下，与氨和空气的混合物进行高温氧化反应，生成腈类等化合物的反应。涉及上述反应的工艺过程称为胺基化工艺。 将“氯氨法生产甲基肼”列入“胺基化工艺”的典型工艺中
13	磺化工艺	磺化是向有机化合物分子中引入磺酰基（—SO_3H）的反应。磺化方法分为三氧化硫黄化法、共沸去水磺化法、氯磺酸磺化法、烘焙磺化法和亚硫酸盐磺化法等。涉及磺化反应的工艺过程称为磺化工艺。磺化反应除了增加产物的水溶性和酸性外，还可以使产品具有表面活性。芳烃经磺化后，其中的磺酸基可进一步被其他基团[如羟基（—OH）、氨基（—NH_2）、氰基（—CN）等]取代，生产多种衍生物

续表

序号	风险单元	备注
14	聚合工艺	聚合是一种或几种小分子化合物变成大分子化合物(也称高分子化合物或聚合物,通常相对分子质量为 $1\times10^4\sim1\times10^7$)的反应,涉及聚合反应的工艺过程称为聚合工艺。聚合工艺的种类很多,按聚合方法可分为本体聚合、悬浮聚合、乳液聚合、溶液聚合等。 涉及涂料、黏合剂、油漆等产品的常压条件生产工艺不再列入"聚合工艺"
15	烷基化工艺	把烷基引入有机化合物分子中的碳、氮、氧等原子上的反应称为烷基化反应。涉及烷基化反应的工艺过程称为烷基化工艺,可分为C-烷基化反应、N-烷基化反应、O-烷基化反应等
16	新型煤化工工艺	以煤为原料,经化学加工使煤直接或者间接转化为气体、液体和固体燃料、化工原料或化学品的工艺过程。主要包括煤制油(甲醇制汽油、费-托合成油)、煤制烯烃(甲醇制烯烃)、煤制二甲醚、煤制乙二醇(合成气制乙二醇)、煤制甲烷气(煤气甲烷化)、煤制甲醇、甲醇制醋酸等工艺
17	电石生产工艺	电石生产工艺是以石灰和碳素材料(焦炭、兰炭、石油焦、冶金焦、白煤等)为原料,在电石炉内依靠电弧热和电阻热在高温下进行反应,生成电石的工艺过程。电石炉型式主要分为两种:内燃型和全密闭型
18	偶氮化工艺	合成通式为R—N═N—R的偶氮化合物的反应称为偶氮化反应,式中R为脂烃基或芳烃基,两个R基可相同或不同。涉及偶氮化反应的工艺过程称为偶氮化工艺。脂肪族偶氮化合物由相应的肼经过氧化或脱氢反应制取。芳香族偶氮化合物一般由重氮化合物的偶联反应制备
19	储罐区	危险化学品储存
20	仓库	危险化学品储存

5. 烟花爆竹[17]

根据烟花爆竹生产经营系统特点，首先在危险有害因素辨识、分析的基础上，遵循突出重点，抓主要环节的原则，将整个系统划分为如下评估单元，见表5-11。

表 5-11 烟花爆竹企业风险单元与风险点划分表

行业类别	风险单元	风险点
烟花爆竹生产	组合烟花生产	火灾爆炸事故风险点
	爆竹生产	火灾爆炸事故风险点

续表

行业类别	风险单元	风险点
烟花爆竹生产	引火线制作	火灾爆炸事故风险点
	内筒效果件制作	火灾爆炸事故风险点
	烟花爆竹仓库或中转库	火灾爆炸事故风险点
	烟花爆竹运输配送	火灾爆炸事故风险点
	烟花爆竹经营门店	火灾爆炸事故风险点
烟花爆竹批发经营	烟花爆竹仓库	火灾爆炸事故风险点
	烟花爆竹运输配送	火灾爆炸事故风险点
	烟花爆竹经营门店	火灾爆炸事故风险点
烟花爆竹零售经营	烟花爆竹经营门店	火灾爆炸事故风险点

第三节　风险辨识方法

风险辨识是对尚未发生的各种风险进行系统的归类和全面的识别。风险辨识的目的是使企业系统、科学地了解当前自身存在的风险因素，并对其加强控制。风险辨识结合现代风险评估技术（安全评价技术），可以为企业的安全管理提供科学的依据和管理决策，从而达到加强安全管理、控制事故发生的最终目的。目前，风险辨识技术广泛应用于各个生产领域，方法也较为成熟。

系统中存在多种风险因素，要想全面、准确地辨识，需要借助各种安全分析方法或工具。目前常用的风险辨识方法有：故障类型及影响分析法（FMEA）、安全检查表法（SCL）、事故树分析法（FTA）、工作危险分析法（JHA）、作业环境分析法（LEC）、风险矩阵法等。这些分析方法都是各行业在实践中不断总结出来的，各有其自身的特点和适用范围[15,16]。下面将对几种常用的风险辨识方法作简要介绍。

1. 故障类型及影响分析法（FMEA）

故障类型及影响分析法由可靠性工程发展而来，它主要对于一个系统内部每个元件及每一种可能的故障模式或不正常运行模式进行详细的分析，并推断它对于整个系统的影响、可能产生的后果以及如何才能避免或减少损失。这种分析方法的特点是从元件的故障开始逐层分析其原因、影响及应采取的对策措施。FMEA 常用于分析一些复杂的设备、设施。

2. 安全检查表法（SCL）

安全检查表法是一种事先了解检查对象，并在剖析、分解的基础上确定的检查项目表，是一种最基础的方法。这种方法的优点是简单明了，现场操作人员和管理人员都易于理解与使用。编制表格的控制指标主要是有关标准、规范、法律条款。控制措施主要根据专家的经验制定。检查结果可以通过“是/否”或“符合/不符合”的形式表现出来。

3. 事故树分析法（FTA）

事故树分析法是一种图形演绎的系统安全分析方法，是对故障事件在一定条件下的逻辑推理。它从分析的特定事故或故障开始，逐层分析其发生原因，一直分析到不能再分解为止，再将特定的事故和各层原因之间用逻辑门符号连接起来，得到形象、简洁地表达其逻辑关系的逻辑树图形。事故树主要用于分析事故的原因和评价事故风险。

4. 工作危险分析法（JHA）

JHA 是目前企业生产风险管理中普遍使用的一种作业风险分析与控制工具。一般确定待分析的作业活动后，将其划分为一系列的步骤，辨识每一步骤的潜在危害，确定相应的预防措施。其能够帮助作业人员正确理解工作任务，有效识别其中的危害与风险以及明确作业过程中的正确方法及相应的安全措施，从而保障工作的安全性和可操作性。JHA 一般用于作业活动和工艺流程的危害分析。

5. 作业环境分析法（LEC）

LEC 是一种风险评估方法。用于评价人们在某种具有潜在危险的环境中进行作业的危险程度，这种方法也可以用于前期的风险辨识，用与系统风险有关的三种因素指标值的乘积来评价操作人员伤亡风险大小[18,19]，这三种因素分别是 L(Likelihood，事故发生的可能性)、E(Exposure，人员暴露于危险环境中的频繁程度）和 C(Consequence，一旦发生事故可能造成的后果)。给三种因素的不同等级分别确定不同的分值，再以三个分值的乘积 D(Danger，危险性）来评价作业条件危险性的大小。

6. 风险矩阵法

风险矩阵法（Risk Matrix）又称风险矩阵图，是一种能够综合评估危险发生的可能性和伤害的严重程度的定性的风险评估分析方法。它是一种风险可视化的工具，主要用于风险评估领域。风险矩阵法指按照风险发生的可能性和风险发生后果的严重程度，将风险绘制在矩阵图中，展示风险及其重要性等级的风险管理工具方法。风险矩阵法的优点：为企业确定各项风险重要性等级提供了可视化的工具。缺点：需要对风险重要性等级标准、风险发生可能性、后果严重程度等做出主观判断，可能影响使用的准确性[4]。表 5-12 为风险等级判定表。

表 5-12　风险等级判定表

后果 C / 可能性 L		1	2	3	4	5
		可忽略的	轻度的	中度的	严重的	灾难性的
5	极有可能	5	10	15	20	25
4	有可能	4	8	12	16	20
3	少见	3	6	9	12	15
2	不大可能	2	4	6	8	10
1	几乎不可能	1	2	3	4	5

根据风险评估值 R_v 的大小将风险级别分为以下四级：

① R_v=15～25，A 级，重大风险。

② R_v=8～12，B 级，较大风险。

③ R_v=4～6，C 级，一般风险。

④ R_v=1～3，D 级，低风险。

第四节 风险辨识程序

以系统重点防控风险点为评估主线，划分评估单元，提出一种系统的通用风险清单辨识与评估方法，即风险分级管控与隐患违章违规电子证据库体系，包括危险部位查找、风险模式辨识、事故类别、后果、风险等级、管控措施、隐患排查内容、违章违规判别方式、监测监控方式、监测监控部位等内容[15,20]。

① 统计分析。通过现场调研、事故案例收集、文献查阅等统计调查手段整理事故发生的时间、事故经过、事故发生的直接原因及间接原因、事故类别、事故后果、事故等级等方面的基础资料，进行初步的分析，再运用国家标准与行业规范，提出风险管控建议。

② 风险模式分析。对风险的前兆、后果与各种起因进行评价与判断，找出主要原因并进行仔细检查、分析。

③ 风险评估。采用风险矩阵法，辨识出每一项风险模式可能存在的危害，并判定这种危害可能产生的后果及产生这种后果的可能性，二者相乘，确定风险等级。

④ 风险分级与管控措施。依据评估结果，将风险分为重大风险（A 级）、较大风险（B 级）、一般风险（C 级）、低风险（D 级）四类，A 级最高，以表征风险高低。在风险辨识和风险评估的基础上，预先采取措施消除或控制风险。

⑤ 隐患电子违章信息采集。安装在线监测监控系统获取动态隐患及违章信息。根据隐患排查内容，对可能出现的电子违章违规行为、状态、缺陷等，提出判别方式，实施在线监测监控手段，再结合企业潜在的事故隐患自查自报方式，获取违章违规电子证据库。

该风险分级管控与隐患违章违规电子证据库体系是以风险预控为核心，以隐患排查为基础，以违章违规电子证据为重点，以“PDCA”循环管理为运行模式，依靠科学的考核评价机制推动其有效运行，制定风险防控措施，实施跟踪验证，持续更新防控流程。目的是要实现事故的双重预防工作机制，是基于风险的过程安全管理理念的具体实践，是实现事故预控的有效手段。风险分级管控需要在政府引导下由企业落实主体责任，隐患排查治理需要在企业落实主体责任的基础上督导、监管和执法。二者是上下承接关系，前者是源头，是预防事故的第一道防线，后者是预防事故的末端治理。

单元风险与隐患违章电子库辨识流程见图 5-1。

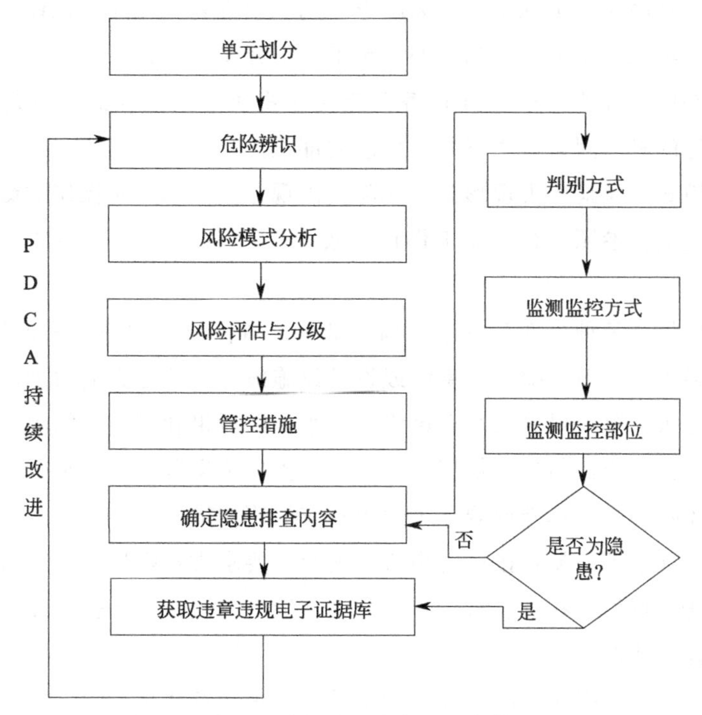

图 5-1 单元风险与隐患违章电子库辨识流程

第五节 单元风险辨识清单

集合典型企业风险辨识和事故案例分析结果，参照法律法规及行业标准等，结合所划分单元，重点关注危险部位及关键作业岗位，参照《企业职工伤亡事故分类》识别事故类别，分析事故后果严重程度，并提出与风险模式相对应的管控对策。此外，按照隐患排查内容、要求查找隐患，并对可能出现的电子违章违规行为、状态、缺陷等，利用在线监测监控系统摄取违章证据，最终形成安全风险与隐患违章信息表。综合考虑可能出现的事故类型与事故后果，运用风险矩阵对每一项进行评估，确定风险等级。单元风险辨识清单为各行业开展风险辨识提供方法指引，为企业构建双重预防机制、实施风险管控奠定基础。同时，将高风险级别单元、风险点，纳入“五高”风险辨识评估。

与风险辨识信息表制作相关的关键术语的释义如下：

危险部位：各评估单元具有潜在能量和物质释放危险的、可造成人员伤害、在一定的触发因素作用下发生事故的部位。

风险模式：风险的表现形式，风险的出现方式或风险对操作的影响。

事故类别：参照《企业职工伤亡事故分类》（GB 6441）中的事故类别与定义。

事故后果：某种事件对目标影响的结果。事件导致的最严重的潜在后果，以人员伤害程度、财产损失、系统或设备设施破坏、社会影响力加以度量。

风险等级：单一风险或组合风险的大小，以后果和可能性的组合来表达。

风险管控措施：与参考依据一一对应，主要依据国家标准和行业规范，针对每一项风险模式从标准或规范中找出对应的管控措施。

隐患违规电子证据：按照隐患排查内容、要求查找隐患，并对可能出现的电子违章违规行为、状态、缺陷等，利用在线监测监控系统摄取违章证据，为远程执法提供证据。

判别方式：根据排查的内容，判别是否出现违章违规行为、状态、管理缺陷等。

监测监控方式：捕获隐患的信息化手段，主要有在线监测、监控、无人机摄取、日常隐患或分析资料的上传等。

监测监控部位：在重点部位或事故易发部位安装监测监控设备进行实时在线展示的现状部位。

通过对各行业（领域）进行单元风险辨识，形成非煤矿山、金属冶炼、工贸行业、危化企业以及烟花爆竹等单元风险辨识清单[1-15,21,22]，表 5-13～表 5-19 为单元安全风险辨识与评估清单样表。

表 5-13 尾矿库安全风险辨识与评估清单(样表)

部位	安全风险评估与管控						隐患违规电子证据				
	作业或活动名称	风险模式	事故类别	事故后果	风险等级	风险管控措施	参考依据	隐患检查内容	判别方式	监测监控方式	监测监控部位
堆积坝	筑坝与放矿	坝体外形尺寸(坝高、坡比)不符合设计标准,坝体稳定性不足,干滩长度不足,引发溃坝	其他(溃坝)	重大人员伤亡、财产损失、设备设施损坏、有公众影响	重大风险	尾矿坝堆积坡比不得陡于设计规定。尾矿坝安全检查内容:坝的轮廓尺寸、变形、裂缝、滑坡和渗漏、坝面保护等。尾矿坝实际坡比陡于设计坡比时,应进行稳定性复核,若稳定性不足,则应采取措施	《尾矿库安全规程》(GB 39496)	尾矿坝轮廓尺寸:坝高、外坡比、顶宽是否符合设计要求	—	—	—
		子坝堆筑前未对岸坡进行处理,坝基不稳,坝体产生不均匀沉降,引发溃坝	其他(溃坝)	重大人员伤亡、财产损失、设备设施损坏、有公众影响	重大风险	每一期子坝堆筑前必须进行岸坡处理,将树木、树根、草皮、废石、坟墓及其他有害构筑物全部清除。若遇有泉眼、水井、地道或洞穴等,应作妥善处理。清除杂物不得就地堆积,应运到库外。岸坡清理应作隐蔽工程记录,经主管技术人员检查合格后方可充填筑坝	《尾矿库安全规程》(GB 39496)	子坝堆筑前期处置是否符合规定	筑坝之前,通过监控判别岸坡有无清基	视频	坝体两端
		采用上游式筑坝法时,在库后或一侧岸坡放矿,放矿不均,导致坝前矿泥沉积,抬高浸润线,坝体饱和,引发溃坝	其他(溃坝)	重大人员伤亡、财产损失、设备设施损坏、有公众影响	重大风险	上游式筑坝法,应于坝前均匀放矿,维持坝体均匀上升,不得任意在库后或一侧岸放矿。 (1)粗粒尾矿沉积于坝前,细粒尾矿排至库内,在沉积滩范围内不允许有大面积矿泥沉积; (2)坝顶及沉积滩面应均匀平整,沉积滩长度及滩顶最低高程必须满足防洪设计要求	《尾矿库安全规程》(GB 39496)	放矿是否均匀;坝顶及沉积滩面是否均匀平整;尾矿排放与筑坝工艺是否存在缺陷	判断是否在库后或一侧岸坡放矿,滩面是否平整	视频	坝体

表 5-14 地下矿山安全风险辨识与评估清单（样表）[23]

部位	安全风险评估与管控							隐患违规电子证据			
	作业或活动名称	风险模式	事故类别	事故后果	风险等级	风险管控措施	参考依据	隐患检查内容	判别方式	监测监控方式	监测监控部位
井巷、采场	凿岩	通风不良，未进行气体检测或监测设施失效，有害气体超标，导致人员中毒窒息	中毒窒息	人员伤亡	重大风险	1. 作业前通风至少 15min； 2. 作业前检测有害气体浓度； 3. 班长、安全员每班进行巡查	《金属非金属矿山安全规程》（GB 16423）	作业前是否进行有效通风，有害气体浓度是否超标	通过监测设施判断作业前是否进行有效通风，有害气体浓度是否超标	作业面通风监测/有害气体浓度监测	凿岩作业面
		无照明或照明不足，导致人员摔伤	其他伤害	人员伤亡	一般风险	配备充足照明；跟进安装及时。作业前检查，照明不良时及时恢复	《金属非金属矿山安全规程》（GB 16423）	作业前照明是否充足	作业前，通过视频判断照明是否达标	视频	凿岩作业面
		顶帮浮石未及时检查及有效排险，浮石冒落，人员设备被砸，导致物体打击	物体打击	人员伤亡、财产损失、设备设施损坏	较大风险	1. 敲帮问顶，仔细观察顶板及围岩情况； 2. 合理利用撬毛台车进行现场排除； 3. 严格按照站位、监护、问顶、退路顺序排险； 4. 安全员、班长每班巡查，做好监督	《金属非金属矿山安全规程》（GB 16423）	是否定期进行敲帮问顶检查作业	通过视频判断是否定期进行敲帮问顶及处置	视频	凿岩作业面

表 5-15 露天矿山安全风险辨识与评估清单（样表）

部位	安全风险评估与管控							隐患违规电子证据			
	作业或活动名称	风险模式	事故类别	事故后果	风险等级	风险管控措施	参考依据	隐患检查内容	判别方式	监测监控方式	监测监控部位
工作平台	穿孔爆破	钻机在坡度较大、坑洼、不稳固的地面上移动，钻机不稳，发生倾覆，导致机械伤害	机械伤害	人员伤亡、财产损失、设备设施损坏	一般风险	钻机行走时应采取防倾覆措施，前方应有人引导和监护；从高、低压线路附近或者下方通过时，应与线路保持足够安全距离；不应在松软地面或者倾角超过15°的坡面上行走；不应90°急转弯；不应在斜坡上长时间停留	《金属非金属矿山安全规程》(GB 16423)	钻机移动路面坡度是否符合要求，是否平整稳固	—	—	—
		爆破警戒不到位，爆破时人员进入爆破警戒区域，导致放炮事故	放炮	人员伤亡	较大风险	按设计设置警戒范围	《爆破安全规程》(GB 6722)	爆破前是否有人员进入爆破警戒区域	通过视频监控判断爆破前是否有人员进入爆破区域	视频	爆破警戒区
		爆破参数不合理，爆破作业产生飞石，实际飞石抛掷距离超出设计安全距离	物体打击	人员伤亡、财产损失、设备设施损坏	一般风险	1. 爆破飞石抛掷距离超出设计安全距离，立即优化爆破参数，重新划定警戒区域； 2. 监测爆破区域爆破飞石距离	《爆破安全规程》(GB 6722)	判断实际飞石抛掷距离是否超出设计安全距离	作业前，通过视频监控判断实际飞石抛掷距离是否超出设计安全距离	视频	爆破警戒区

表 5-16 工贸行业安全风险辨识与评估清单（样表）

部位	安全风险评估与管控							隐患违规电子证据			
	作业或活动名称	风险模式	事故类别	事故后果	风险等级	风险管控措施	参考依据	隐患检查内容	判别方式	监测监控方式	监测监控部位
高低压造型机	制造砂型	冷却水管漏水、液压管漏油，接触高温溶液而引起爆炸	高温熔融金属爆炸事故	重大人员伤亡、财产损失、设备设施损坏、有公众影响	重大风险	应设置水冷却系统及液压系统检测和报警装置； 应设置防止水进入型腔的安全设施； 设备维护检修时应使用能量锁定装置，或设置专人监护	《铸造机械安全要求》(GB 20905)	检查是否设置水冷却系统及液压系统检测和报警装置，是否设置安全设施防止水进入型腔，是否在设备维护检修时使用能量锁定装置或派专人监护	判断是否对冷却水管漏水、液压管漏油与高温溶液接触采取防控措施	视频巡视	高压或低压造型机冷却水管、液压管和安全设施
冲天炉炉体	熔化铸铁	炉体腐蚀严重，炉体腐蚀及泄爆口损坏，导致铁水泄漏和炉体爆炸	高温熔融金属爆炸事故	重大人员伤亡、财产损失、设备设施损坏、有公众影响	重大风险	应经常定期检查炉底门两套机械闭锁装置是否正常、闭锁是否牢固、炉底板是否有裂纹等； 泄爆口应确保释放压力的速度能保证炉体结构不受损，设置部位不会对操作者造成伤害	《冲天炉与冲天炉加料机安全要求》(GB 21501)	检查是否对炉底门两套机械闭锁装置定期维护检查，泄爆口释放压力的速度是否符合要求	判断是否对炉体腐蚀及泄爆口损坏采取防控措施	视频巡视	冲天炉炉体及安全装置

表 5-17 金属冶炼行业安全风险辨识与评估清单（样表）

作业或活动名称	安全风险评估与管控						隐患违规电子证据			
	风险模式	事故类别	事故后果	风险等级	风险管控措施	参考依据	隐患检查内容	判别方式	监测监控方式	监测监控部位
出铁、巡检	高炉炉基裂缝、破损、冒气冒火、熔融金属泄漏	爆炸、灼烫	重大人员伤亡、财产损失	重大风险	1. 采用热电偶对高炉炉底进行自动、连续测温； 2. 确保炉底水冷管水压、进出口水温差正常； 3. 视频监控：炉基区无积水、无可燃易燃物、无大量人员。 其他措施： 1. 炉底水冷管破损检查，应严格按操作程序进行； 2. 大修前，应由炉基鉴定小组对炉基进行全面检查； 3. 大、中修后炉底及炉体部分的热电偶应在送风前校验	《炼铁安全规程》（AQ 2002）	是否对炉底进行有效测温；炉底冷却水系统是否正常；炉基是否无积水、无大量人员	通过炉底测温数据、冷却水参数、现场视频进行判断	参数监控，视频	炉底热电偶显示，冷却水参数，炉基、铁水罐区
检修、巡检	高炉风口破损、烧穿、内漏	爆炸、灼烫	人员伤亡、财产损失	较大风险	1. 风口冷却系统的水压、水量、进出口水温差检测控制； 2. 视频监控：风口平台无积水、无大量人员。 其他措施： 1. 宜设置风口摄像装置； 2. 风口更换操作的安全措施；风口、渣口发生爆炸，风口、风管烧穿时有应急措施	《炼铁安全规程》（AQ 2002） 《高炉炼铁工程设计规范》（GB 50427）	风口冷却水系统是否正常，风口平台是否无积水、无大量人员	通过冷却水参数、现场视频进行判断	参数监控，视频	风口冷却水参数检测仪表，风口平台

表 5-18　危险化学品企业安全风险辨识与评估清单（样表）

部位	安全风险评估与管控							隐患违规电子证据			
	作业或活动名称	风险模式	事故类别	事故后果	风险等级	风险管控措施	参考依据	隐患检查内容	判别方式	监测监控方式	监测监控部位
光气合成反应器	生产过程	周边未设置可燃气体和有毒气体报警器或设置不满足要求，光气、一氧化碳泄漏未能及时发现	火灾爆炸、中毒	人员伤亡、财产损失	重大风险	在使用或产生甲类气体或甲、乙A类液体的工艺装置、系统单元内，应按区域控制和重点控制相结合的原则，设置可燃气体报警系统。 可燃气体和有毒气体检测报警器的设置与报警值的设置应满足GB 50493的要求，并独立于基本过程控制系统。 光气及光气化产品生产装置区域必须设置光气、氯气、一氧化碳监测及超限报警仪表，还应设置事故状态下能自启动紧急停车和应急破坏处理的自控仪表系统	《石油化工企业设计防火标准(2018年版)》(GB 50160) 《光气及光气化产品生产安全规程》(GB 19041)	检查可燃气体和有毒气体检测报警器的设置	是否设置	参数监控	光气合成反应器
		设备未采取静电接地，一氧化碳泄漏遇静电火花	火灾爆炸	人员伤亡、财产损失	重大风险	爆炸、火灾危险场所内可能产生静电危险的设备和管道，均应采取静电接地措施	《石油化工企业设计防火标准(2018年版)》(GB 50160)	设备管道是否采取静电接地措施	是否设置	视频监控	
		未设置自动化控制系统，未设置相关安全控制及联锁，设备超温、超压	火灾爆炸、中毒	人员伤亡、财产损失	重大风险	企业涉及重点监管的危险化工工艺装置，应装设自动化控制系统；涉及危险化工工艺的大型化工装置应装设紧急停车系统，并应正常投入使用。 危险化工工艺的安全控制应按照重点监管的危险化工工艺安全控制要求、重点监控参数及推荐的控制方案的要求，并结合HAZOP分析结果进行设置	《危险化学品企业安全风险隐患排查治理导则》(应急[2019]78号)	是否装设自动化控制系统、紧急停车系统	是否设置	参数监控	

表 5-19　烟花爆竹安全风险辨识与评估清单（样表）

部位	安全风险评估与管控						隐患违规电子证据			
	作业或活动名称	风险模式	事故类别	风险等级	风险管控措施	参考依据	隐患检查内容	判别方式	监测监控方式	监测监控部位
配药工房	机械混药	未采用防爆电气设备，作业人员未做到人机分离、人药分离，发生燃烧爆炸时可能导致殉燃殉爆，造成严重的建筑破坏和人员伤亡	火药爆炸、火灾、机械伤害、中毒窒息、触电	较大风险	1. 采用符合标准的防爆电气设备； 2. 混药机械安装联锁装置，做到人机隔离操作； 3. 按要求设置防护屏障； 4 配置混药间视频监控； 5. 严格按照安全操作规程要求的定员、定量作业； 6. 定期检查、维护、保养安全设施和机电设备； 7. 按要求开展安全教育培训，特种作业人员持证上岗； 8. 作业人员正确穿戴、使用防护用品； 9. 开展应急演练，按要求配备应急器材，定期维护保养	《烟花爆竹作业安全技术规程》(GB 11652) 《烟花爆竹安全与质量》(GB 10631) 《生产设备安全卫生设计总则》(GB 5083) 《用电安全导则》(GB/T 13869) 《烟花爆竹作业场所机械电器安全规范》(AQ 4111) 《烟花爆竹安全生产标志》(AQ 4114) 《烟花爆竹防止静电通用导则》(AQ 4115)	1. 未正确穿戴防静电的个人防护用品； 2. 开机前未检查水槽水位，未将地面冲湿，未开空机运转一个工作循环； 3. 使用未经筛选的氧化剂、还原剂混合，使用非抗爆工房操作； 4. 混药机械无二点静电释放装置，用非导静电器皿盛药； 5. 随意进入警戒线进行操作； 6. 未按开爆药 5kg、光色药 10kg 的限定药量进行操作； 7. 下班后未关掉所有电源、未清洗机械和地面，未执行每天的维护保养	是否采用可燃性粉尘环境相应防爆等级的电气设备	视频监控	配药工房

参考文献

[1] 王先华,夏水国,王彪．企业重大风险辨识评估技术与管控体系研究 [A]．中国金属学会冶金安全与健康分会．2019 年中国金属学会冶金安全与健康年会论文集 [C]．中国金属学会冶金安全与健康分会:中国金属学会,2019:3.

[2] 叶义成．非煤矿山重特大风险管控 [A]．中国金属学会冶金安全与健康分会．2019 中国金属学会冶金安全与健康年会论文集 [C]．中国金属学会冶金安全与健康分会:中国金属学会,2019:6.

[3] 王先华．钢铁企业重大风险辨识评估技术与管控体系研究 [A]．中国金属学会冶金安全与健康分会．2019 年中国金属学会冶金安全与健康年会论文集 [C]．中国金属学会冶金安全与健康分会:中国金属学会,2019:3.

[4] 王彪,刘见,徐厚友,等．工业企业动态安全风险评估模型在某炼钢厂安全风险管控中的应用 [J]．工业安全与环保,2020,46 (4): 15-20.

[5] 宋思雨,徐克,尚迪,等．基于 Haddon 矩阵和 ISM 的人员密集场所踩踏事故风险分析 [J]．安全与环境工程,2019,26(05):150-155.

[6] 宋思雨,徐克,张贝,等．基于 ISM 的有限空间作业中毒事故风险分析 [J]．安全与环境工程,2019,26(02):140-144.

[7] 李欢．基于 AHP-熵权法的物元模型在机械企业安全风险评价中的应用研究 [D] 武汉: 中国地质大学,2018.

[8] 郭颖．烟草加工场所粉尘爆炸风险分级研究 [D]．武汉: 中国地质大学,2018.

[9] 黄莹．涉氨制冷系统风险辨识和动态风险评价研究 [D]．武汉: 中国地质大学,2019.

[10] 史小棒．特种设备安全风险分级模型研究 [D]．武汉: 中国地质大学,2019.

[11] 宋思雨．工贸行业有限空间作业安全风险评估与控制 [D]．武汉: 中国地质大学,2020.

[12] 张贝．液氨罐车运输风险评估与控制研究 [D]．武汉: 中国地质大学,2020.

[13] 梁天瑞．汽车制造业涂装车间安全风险评估与管控研究 [D]．武汉: 中国地质大学,2020.

[14] 张秀玲．基于 SEM-BN 的木地板加工车间粉尘爆炸风险评估 [D]．武汉: 武汉科技大学,2020.

[15] 罗聪,徐克,刘潜,等．安全风险分级管控相关概念辨析 [J]．中国安全科学学报,2019,29(10): 43-50.

[16] 吴宗之,高进东,魏利军．危险评价方法及其应用 [M]．北京: 冶金工业出版社,2001.

[17] 马洪舟．烟花爆竹生产企业爆炸事故风险评估及控制研究 [D]．武汉:中南财经政法大学,2020.

[18] Li W, Ye Y, Wang Q, et al. Fuzzy risk prediction of roof fall and rib spalling: based on FFTA-DFCE and risk matrix methods environmental science and pollution research [J]. Environmental

Science and Pollution Research, 2019, 27(8):8535-8547.

[19] Li W, Ye Y, Hu N, et al. Real-time Warning and Risk Assessment of Tailings Dam Disaster Status Based on Dynamic Hierarchy-grey Relation Analysis [J]. Complexity, 2019, (9): 1-14.

[20] 徐克，陈先锋．基于重特大事故预防的“五高”风险管控体系 [J]．武汉理工大学学报(信息与管理工程版)，2017，39(06)：649-653.

[21] 徐厚友，周琪，王彪，等．论钢铁企业集中操控之后的安全新挑战及对策防护措施 [J]．工业安全与环保，2021，47(7)：4.

[22] 李刚．烟花爆竹经营行业风险预警与管控研究 [D]．武汉：中南财经政法大学，2019.

[23] 刘涛，叶义成，王其虎，等．非煤地下矿山冒顶片帮事故致因分析与防治对策 [J]．化工矿物与加工，2014，43(02)：24-28.

第六章 “五高”风险辨识与评估技术

第一节　安全控制论基本原理

虽然安全系统结构复杂，但归根结底可以概括为两大基本矛盾即“危险”和“危险防控”[1,2]。

根据大系统理论，采用变量集结法，将输出变量化设为年度伤亡指标 $Y(k)$，输入变量设为符号相异的两个变量“危险”指数 $H(k)$ 和“危险防控”指数 $C(k)$。

$$Y(k)=[1-C(k)]Y(k-1)+H(k) \tag{6-1}$$

安全控制论的安全度定义：$S=G(1/Y)$

式中，S 为安全度；Y 为伤亡指标。

$$S(k)=S(k-1)+B(k) \tag{6-2}$$

上式说明安全度具有积累效应，即当年的安全度 $S(k)$ 等于去年的安全度 $S(k-1)$ 与当年控制效应 $B(k)$ 之和。

$B(k)$ 定义为系统的控制效应，是表征系统中危险（H）与控制能力（C）斗争结果的参数。

当 $B(k)>0$ 时，表示 C 占优势，S 上升；

当 $B(k)=0$ 时，表示二者持平，S 保持稳定；

当 $B(k)<0$ 时，表示 C 处于劣势，S 下降。

状态方程中两个参数［危险（H）、控制能力（C）］通过系统辨识已经得出数值结果。它们都是集合变量，其构成元素、赋值方法及结构形式等，都可以根据一定的方法论和现代科学技术加以解决。

这样，安全控制论就解决了控制问题，同时也解决了安全计量问题。

第二节 “五高”风险辨识与评估程序

“五高”风险[4] 辨识是指在安全事故发生之前，人们运用各种方法，系统、连续地认识某个系统的“五高”风险，并分析事故发生的潜在原因[5]。“五高”风险辨识基于事故统计、现场调研与法律法规等资料，研究企业风险辨识评估技术与防控体系，注重理论、技术、方法研究[6]，重点研究企业固有、动态风险管理与防控的关键技术及其在工程领域的应用[7]。“五高”风险辨识与评估过程包含风险类型辨识；固有风险与动态评估指标体系的编制；风险点风险严重度（固有风险）、单元风险管控、单元风险动态修正模型的构建；现实风险分级标准；风险管控对策[5]。“五高”风险辨识与评估流程如下。

（1）风险点“五高”固有风险辨识

①“五高”风险因子辨识。在风险单元区域内，以可能诱发本单元重特大事故的点作为风险点。基于单元事故风险点，分析事故致因机理，评估事故严重后果，并从高风险物品、高风险工艺、高风险设备、高风险场所、高风险作业（“五高”风险）层面辨识高危风险因子。

②“五高”固有风险清单编制。在“五高”固有风险因子辨识后，将各个风险点的“五高”风险因子辨识结果整理汇编成单元固有风险清单，并按规定及时更新。

（2）风险点“五高”固有风险评估

建立“五高”固有风险指标体系，通过建立的评估模型，计算风险点的固有危险指数。

（3）单元固有风险评估

计算单元内若干风险点固有危险指数的危险暴露加权累计值。

（4）确定单元风险频率

以单元安全生产标准化得分的倒数作为单元风险频率指标。

（5）单元初始风险评估

单元风险频率与单元固有危险指数的聚合。

（6）单元动态风险因子辨识

① 单元动态风险因子辨识。运用各种方法，系统、连续地识别单元的动态风险因子，包括高危风险动态监测因子、安全生产基础管理动态因子、自然环境动态因子、物联网大数据动态因子、特殊时期动态因子等。

a. 高危风险动态监测因子从企业现有的监测系统提取，如温度、压力、冷却水情况等，此因子是对风险点固有危险指数进行动态修正的依据。

b. 安全生产基础管理动态因子是符合单元安全生产管理特点的指标，主要包括事故隐患、生产安全事故两项指标。

c. 自然环境动态因子从气象系统获取，选取对本单元事故的发生有影响的气象和地质灾害数据。

d. 物联网大数据动态因子从国家安全大数据平台提取，选取与本单元系统相关的同类型事故数据。

e. 特殊时期动态因子从政务网、国家日历获取，选取两会、国家法定节假日、重大活动等作为动态数据。

② 单元动态风险清单编制。在单元动态风险因子辨识后，编制本单元的动态风险清单，并按规定及时更新。

（7）单元现实安全风险评估

根据不同动态风险因子形成的现实风险动态修正指标分别实时修正风险点固有危险指数和单元初始高危安全风险指数。

（8）风险聚合

单元风险聚合到企业风险，企业风险聚合到区域风险，区域风险聚合包括县（区）级和市级两级风险聚合。

第三节 “五高”固有风险辨识

一、“五高”固有风险的表征形态

第二节就“五高”风险给出了定义，从各行业重大事故统计分析以及各行业风险辨识来看，“五高”风险是诱发重特大事故的主要致因因子。根据安全控制论基本原理，企业单元、风险点的“五高”风险表征为固有风险特征。

- 高风险物品指可能导致重特大事故的易燃易爆物品、危险化学品等物品。其风险表征为危险化学品物质风险。
- 高风险工艺指工艺过程失控可能导致重特大事故的工艺，如危险化学品企业的重点工艺。其风险用关键工艺参数监测、监控失效情况表征。
- 高风险设备指运行过程失控可能导致重特大事故的设备设施，如矿井提升机。其风险表征为设备的安全装备水平，即设备本质安全化水平。
- 高风险场所指一旦发生事故可能导致重特大事故后果的场所，如重大危险源、劳动密集型场所。其风险表征为人员暴露状况，场所人员暴露多，则事故后果严重。
- 高风险作业指失误可能导致重特大事故的作业。如特种作业、危险作业、特种设备作业等。高风险作业种类越多，风险越高。其风险表征为高风险作业种类数。

二、各行业“五高”固有风险清单

依据“五高”风险的表征形态，编制出各行业“五高”固有风险清单，详见表 6-1～表 6-8。

1. 非煤矿山“五高”固有风险清单[7, 8]

表 6-1　地下矿山“五高”固有风险清单（样表）[9]

典型事故风险点	风险因子	要素	指标描述	特征值		备注
坠罐事故风险点	高风险设备	载人罐笼提升系统	设备本质安全化水平	危险隔离(替代)		查找设施 GB 16423
				故障安全	失误安全	查找可添加的附加安全设施
					失误风险	GB 16542
				故障风险	失误安全	GB 16542
					失误风险	GB 16542

续表

典型事故风险点	风险因子	要素	指标描述	特征值		备注
坠罐事故风险点	高风险工艺	罐笼提升系统	监测监控设施完好水平	钢丝绳在线检测	失效率	
				视频监控设施	失效率	AQ 2031
	高风险场所	罐笼	人员风险暴露时间	以风险点处作业人员暴露时间确定		
	高风险物品	能量	高度（井筒深度）	以重大危险源界定分档	分五档	DB13/T 2259
	高风险作业	危险作业	高风险作业种类	设备检修作业		
		特种设备作业		起重机械（含电梯）作业		
		特种作业		金属非金属矿山安全检查作业		
				金属非金属矿山提升机操作作业	竖井、盲竖井提升作业	
跑车事故风险点	高风险设备	载人设备	设备本质安全化水平	危险隔离（替代）		
				故障安全	失误安全	GB 16423
					失误风险	AQ 2028
				故障风险	失误安全	
					失误风险	
	高风险工艺	斜井人车提升系统	监测监控设施完好水平	钢丝绳在线检测	失效率	
				视频监控设施	失效率	AQ 2031
	高风险场所	斜井人车	人员风险暴露时间	以风险点波及人员暴露时间确定		
	高风险物品（能量）	能量	垂直深度	斜长、陡度	分五档	DB13/T 2259
	高风险作业	危险作业	高风险作业种类	设备维修作业		
		特种设备作业		企业内机动车辆驾驶作业		
		特种作业		金属非金属矿山安全检查作业		
				井下提升机操作作业	斜井、盲斜井提升机作业	
火灾事故风险点	高风险工艺	监测设施	监测监控设施完好水平	有毒有害气体监（检）测（CO、NO_2、O_2 等）	失效率	AQ2031
				温度报警监测	失效率	
				视频监控（明火）	失效率	

续表

<table>
<tr><th>典型事故风险点</th><th>风险因子</th><th>要素</th><th>指标描述</th><th colspan="2">特征值</th><th>备注</th></tr>
<tr><td rowspan="15">火灾事故风险点</td><td>高风险场所</td><td>可燃物存放区中段</td><td>人员风险暴露时间</td><td colspan="2">以风险点波及作业人员暴露时间确定</td><td></td></tr>
<tr><td rowspan="2">高风险物品(能量)</td><td rowspan="2">可燃物</td><td>橡胶塑料(电缆、胶带)</td><td colspan="2">按照危险化学品重大危险源分类</td><td>GB 18218</td></tr>
<tr><td>油类</td><td colspan="2">临界量</td><td>GB 18218</td></tr>
<tr><td rowspan="4">高风险作业</td><td rowspan="2">危险作业</td><td rowspan="4">高风险作业种类</td><td colspan="2">临时用电作业</td><td></td></tr>
<tr><td colspan="2">危险区域动火作业</td><td></td></tr>
<tr><td>特种设备作业</td><td>焊接作业人员</td><td>金属焊接(含电焊、气焊)操作人员</td><td></td></tr>
<tr><td>特种作业</td><td>焊接与热切割作业</td><td>焊接气瓶作业</td><td></td></tr>
<tr><td rowspan="4">高风险工艺</td><td rowspan="4">监测设施</td><td rowspan="4">监测监控设施完好水平</td><td>探水</td><td>探水率</td><td></td></tr>
<tr><td>降水量</td><td>失效率</td><td></td></tr>
<tr><td>涌水量</td><td>失效率</td><td></td></tr>
<tr><td>探水作业面视频监控</td><td>失效率</td><td></td></tr>
<tr><td>高风险场所</td><td>最低中段</td><td>人员风险暴露时间</td><td colspan="2">以风险点波及作业人员暴露时间确定</td><td></td></tr>
<tr><td>高风险物品(能量)</td><td>水文地质条件</td><td>地质工程复杂程度</td><td>矿井水文地质类型</td><td>分四档</td><td></td></tr>
<tr><td rowspan="2">高风险作业</td><td rowspan="2">特种作业</td><td rowspan="2">高风险作业种类</td><td>金属非金属矿山安全检查作业</td><td>探放水作业</td><td></td></tr>
<tr><td>金属非金属矿山排水作业</td><td>井下矿山排水作业</td><td></td></tr>
<tr><td rowspan="3">冒顶片帮事故风险点</td><td>高风险设备</td><td>工程地质及应力条件</td><td>复杂程度</td><td>地下工程岩体质量指标分级</td><td>分五档</td><td>GB/T 50218</td></tr>
<tr><td rowspan="2">高风险工艺</td><td rowspan="2">监测设施</td><td rowspan="2">监测监控设施完好水平</td><td>采区顶板沉降监测</td><td>失效率</td><td>AQ 2031</td></tr>
<tr><td>地表沉降监测</td><td>失效率</td><td></td></tr>
</table>

续表

典型事故风险点	风险因子	要素	指标描述	特征值		备注
冒顶片帮事故风险点	高风险场所	冒顶波及区域	人员风险暴露时间	以风险点波及作业人员暴露时间确定		
	高风险物品	空顶	顶板暴露面积	按照冒顶危险矿山定义分级	分三档	DB13/T 2259
	高风险作业	特种作业	高风险作业种类	浮石排除作业		
				拆除作业		
				采掘(剥)作业		
				安全检查作业	探放水作业	
					敲帮问顶作业	
				支柱作业	井下支护作业	
				爆破作业	井下爆破作业	

注：1. 地下矿山典型事故风险点包括坠罐事故风险点、跑车事故风险点、火灾事故风险点、冒顶片帮事故风险点等。

2. 高风险设备是以地下矿山风险点本质安全化水平来衡量。

3. 高风险物品是由该风险点储存物的势能（或热能）特性确定。

4. 高风险场所由地下矿山罐笼区、人车区、最低中段区、储存可燃物质区及采空区作业人员的暴露风险指数确定。

5. 高风险工艺由地下矿山钢丝绳在线检测、有毒有害气体监（检）测、降水量监测、涌水量监测、探水作业面视频监控监测、采区顶板沉降监测、地表沉降监测等监测监控设施的失效率确定。

6. 高风险作业是指涉及的高风险作业，如特种作业、危险作业、特种设备作业等。

表 6-2　露天矿山“五高”固有风险清单（样表）[10]

典型事故风险点	风险因子	要素	指标描述	特征值		备注
边坡垮塌(滑坡)事故风险点	高风险设备	边坡稳定性	安全系数	场边坡滑坡风险等级	分四档	AQ/T 2063、GB 51016
	高风险工艺	边坡监测系统	监测监控设施完好水平	坡体表面位移	失效率	AQ/T 2063、GB 51016
				坡体内部位移	失效率	AQ/T 2063
				边坡裂缝	失效率	AQ/T 2063
				采动应力	失效率	AQ/T 2063

续表

<table>
<tr><th>典型事故风险点</th><th>风险因子</th><th>要素</th><th>指标描述</th><th colspan="2">特征值</th><th>依据</th></tr>
<tr><td rowspan="12">边坡垮塌(滑坡)事故风险点</td><td rowspan="5">高风险工艺</td><td rowspan="5">边坡监测系统</td><td rowspan="5">监测监控设施完好水平</td><td>质点速度</td><td>失效率</td><td>AQ/T 2063</td></tr>
<tr><td>渗透压力</td><td>失效率</td><td>AQ/T 2063</td></tr>
<tr><td>地下水位</td><td>失效率</td><td>AQ/T 2063</td></tr>
<tr><td>降雨量</td><td>失效率</td><td>AQ/T 2063</td></tr>
<tr><td>视频监控</td><td>失效率</td><td>AQ/T 2063</td></tr>
<tr><td>高风险场所</td><td>边坡下作业平台</td><td>人员风险暴露时间</td><td colspan="2">以风险点波及人员暴露时间确定</td><td></td></tr>
<tr><td>高风险物品(能量)</td><td>高陡边坡</td><td>高度</td><td>边坡高度等级</td><td>分四档</td><td>AQ 2063、GB 50830</td></tr>
<tr><td rowspan="5">高风险作业</td><td rowspan="5">特种作业</td><td rowspan="5">高风险作业种类</td><td colspan="2">爆破作业</td><td rowspan="4">《特种作业人员安全技术培训考核管理规定》</td></tr>
<tr><td colspan="2">矿山排水作业</td></tr>
<tr><td colspan="2">矿山安全检查作业</td></tr>
<tr><td colspan="2">采掘(剥)作业</td></tr>
<tr><td>金属非金属矿山安全检查作业</td><td>露天探放水作业</td><td></td></tr>
<tr><td rowspan="8">爆破事故(放炮)风险点</td><td rowspan="2">高风险工艺</td><td rowspan="2">爆破警戒区域内</td><td rowspan="2">监测监控设施完好水平</td><td>爆破视频监控</td><td>失效率</td><td></td></tr>
<tr><td>雷电静电监测</td><td>失效率</td><td></td></tr>
<tr><td>高风险场所</td><td>爆破区</td><td>人员风险暴露时间</td><td colspan="2">以风险点波及人员暴露时间确定</td><td></td></tr>
<tr><td>高风险物品(能量)</td><td>地面炸药</td><td>爆破工程按工程类别、一次爆破总药量、爆破环境复杂程度和爆破物特征</td><td>爆破工程分级</td><td>分三或四档</td><td>GB 6722</td></tr>
<tr><td rowspan="4">高风险作业</td><td rowspan="4">特种作业</td><td rowspan="4">高风险作业种类</td><td colspan="2">炮孔打眼作业</td><td rowspan="4">《特种作业人员安全技术培训考核管理规定》</td></tr>
<tr><td colspan="2">装药作业</td></tr>
<tr><td>金属非金属矿山安全检查作业</td><td>露天盲炮检查作业</td></tr>
<tr><td>金属非金属矿山爆破作业</td><td>露天爆破作业</td></tr>
</table>

续表

典型事故风险点	风险因子	要素	指标描述	特征值		备注
排土场垮塌（泥石流）风险点	高风险设备	排土场安全稳定性	安全系数	排土场安全稳定性标准	分四档	GB 51119
	高风险工艺	边坡监测系统	监测设施完好水平	坡体表面位移	失效率	
				坡体内部位移	失效率	
				降水量	失效率	
				视频监控	失效率	
	高风险场所	排土场下游区	人员风险暴露时间	以风险点作业人员暴露时间确定		
	高风险物品（能量）	高陡边坡	堆置高度	排土场等级分级	分四档	GB 50421、DB41/T 1267、GB 51119
			排土容积		分四档	
	高风险作业	特种作业	高风险作业种类	矿山排水作业		《特种作业人员安全技术培训考核管理规定》
				金属非金属矿山安全检查作业		

注：1. 高风险设备是以露天矿山风险点本质安全化水平来衡量。

2. 高风险物品是由该风险点储存物的势能（或热能）特性确定。

3. 高风险场所由露天矿山边坡下、爆破区、排土场下游范围内及露天矿作业人员的暴露风险指数确定。

4. 高风险工艺由露天矿山边坡稳定性监测、爆破监测和排土场边坡监测等监测监控设施的失效率确定。

5. 高风险作业是指露天矿山涉及的高风险作业，如特种作业、危险作业、特种设备作业等。

6. 露天矿山典型事故风险点包括边坡垮塌（滑坡）事故风险点、爆破事故（放炮）风险点、排土场垮塌（泥石流）风险点。

表 6-3　尾矿库“五高”固有风险清单（样表）

典型事故风险点	风险因子	要素	指标描述	特征值		备注
溃坝事故风险点	高风险设备	坝体	筑坝方式	四种方式	分档	—
			堆存方式	两种类型	分档	
			尾砂类型	两种类型	分档	
	高风险工艺	监测监控系统	监测监控设施完好水平	浸润线	失效率	AQ 2030 GB 51108
				干滩长度	失效率	

续表

典型事故风险点	风险因子	要素	指标描述	特征值		备注
溃坝事故风险点	高风险工艺	监测监控系统	监测监控设施完好水平	库水位	失效率	AQ 2030 GB 51108
				降水量	失效率	
				坝体表面位移	失效率	
				坝体内部位移	失效率	
				视频监控设施	失效率	
				其他	—	
	高风险场所	作业区及下游区域	人员风险暴露	波及作业人员暴露时间		作业区及下游 1km
	高风险物品(能量)	总坝高		尾矿库等别	分五档	GB 39496 AQ 2059
		现状库容				
	高风险作业	特种作业	高风险作业种类	金属非金属矿山安全检查作业		《特种作业人员安全技术培训考核管理规定》
				尾矿库放矿作业		
				尾矿库筑坝作业		
				尾矿库排渗作业		
				电工作业		
				高处作业		
		特种设备操作作业	高风险作业种类	专用机动车辆作业		《中华人民共和国特种设备安全法》《特种设备目录》

注：1. 高风险设备是以风险点尾矿坝本质安全化水平来衡量。

2. 高风险物品是由该风险点库内储存物的势能特性确定。

3. 高风险场所是由尾矿库下游 1km 范围内及尾矿库作业人员的暴露风险指数确定。

4. 高风险工艺是由尾矿库浸润线、坝体位移、库水位等监测监控设施的失效率确定。

5. 高风险作业是指尾矿库涉及的高风险作业，如特种作业、危险作业、特种设备作业等。

6. 尾矿库典型事故风险点包括溃坝事故风险点。

2. 工贸行业“五高”固有风险清单（示例）[11-21]

表 6-4 涉氨制冷单元“五高”固有风险清单（样表）

单元	风险点	风险因子	要素	指标描述	特征值		备注
涉氨制冷单元	火灾爆炸事故风险点	高风险设备	氨制冷系统	本质安全化水平	危险隔离(替代)		《冷库安全规程》(GB 28009) 《冷库设计标准》(GB 50072) 《氨制冷企业安全规范》(AQ 7015)
					故障安全	失误安全	
						失误风险	
					故障风险	失误安全	
						失误风险	

续表

单元	风险点	风险因子	要素	指标描述	特征值		备注
涉氨制冷单元	火灾爆炸事故风险点	高风险工艺	监测监控系统	监测设施完好水平	压力监测	失效率	《氨制冷企业安全规范》(AQ 7015)
					浓度监测		
					液位监测		
					流量监测		
		高风险场所	库区	人员风险暴露	场所人员暴露指数		《危险化学品重大危险源辨识》
		高风险物品	氨	物质危险性	物质危险性系数		《危险化学品重大危险源辨识》
		高风险作业	危险作业	高风险作业种类数	融霜作业		《中华人民共和国特种设备安全法》《特种设备目录》《特种作业人员安全技术培训考核管理规定》
					常规设备检维修作业		
			特种设备操作		压力管道巡检维护		
					固定式压力容器操作		
					安全附件维修作业		
			特种作业		制冷与空调作业		
	中毒事故风险点	高风险设备	氨制冷系统	本质安全化水平	危险隔离(替代)		《冷库安全规程》(GB 28009)《冷库设计标准》(GB 50072)《氨制冷企业安全规范》(AQ 7015)
					故障安全	失误安全	
						失误风险	
					故障风险	失误安全	
						失误风险	
		高风险工艺	监测监控系统	监测设施完好水平	压力监测	失效率	《氨制冷企业安全规范》(AQ 7015)
					浓度监测		
					液位监测		
					流量监测		
		高风险场所	库区及周边区域	人员风险暴露	场所人员暴露指数		《危险化学品重大危险源辨识》
		高风险物品	氨	物质危险性	物质危险性系数		《危险化学品重大危险源辨识》
		高风险作业	危险作业	高风险作业种类数	融霜作业		《中华人民共和国特种设备安全法》《特种设备目录》《特种作业人员安全技术培训考核管理规定》
					常规设备检维修作业		
			特种设备操作		压力管道巡检维护		
					固定式压力容器操作		
					安全附件维修作业		
			特种作业		制冷与空调作业		

3. 金属冶炼“五高”固有风险清单（示例）[3, 21, 22]

表 6-5 炼铁单元“五高”固有风险清单（样表）

<table>
<tr><th>典型事故风险点</th><th>风险因子</th><th>要素</th><th>指标描述</th><th colspan="2">特征值</th><th>备注</th><th>取值</th></tr>
<tr><td rowspan="23">高炉坍塌事故风险点</td><td rowspan="5">高风险设备</td><td rowspan="5">高炉本体</td><td rowspan="5">本质安全化水平</td><td colspan="2">危险隔离(替代)</td><td rowspan="5"></td><td rowspan="5"></td></tr>
<tr><td rowspan="2">故障安全</td><td>失误安全</td></tr>
<tr><td>失误风险</td></tr>
<tr><td rowspan="2">故障风险</td><td>失误安全</td></tr>
<tr><td>失误风险</td></tr>
<tr><td rowspan="8">高风险工艺</td><td rowspan="2">软水密闭循环系统</td><td rowspan="8">监测监控设施完好水平</td><td>冷却壁系统水量监测</td><td>失效率</td><td rowspan="8"></td><td rowspan="8"></td></tr>
<tr><td>炉底系统水量监测</td><td>失效率</td></tr>
<tr><td rowspan="6">高炉系统</td><td>炉身冷却壁温度监测</td><td>失效率</td></tr>
<tr><td>炉腰冷却壁温度监测</td><td>失效率</td></tr>
<tr><td>炉腹冷却壁温度监测</td><td>失效率</td></tr>
<tr><td>炉缸内衬温度监测</td><td>失效率</td></tr>
<tr><td>炉基温度监测</td><td>失效率</td></tr>
<tr><td>视频监控</td><td>失效率</td></tr>
<tr><td>高风险场所</td><td>高炉区域</td><td>人员风险暴露</td><td colspan="2">根据事故风险模拟计算结果，暴露在事故影响范围内的所有人员（包含作业人员及周边可能存在的人员）</td><td></td><td></td></tr>
<tr><td rowspan="2">高风险物品</td><td>铁水</td><td rowspan="2">物质危险性</td><td colspan="2">铁水危险物质特性指数</td><td rowspan="2"></td><td rowspan="2"></td></tr>
<tr><td>高温炉料</td><td colspan="2">高温炉料危险物质特性指数</td></tr>
<tr><td rowspan="7">高风险作业</td><td>危险作业</td><td rowspan="7">高风险作业种类数</td><td colspan="2">高炉分配器排枪堵塞作业数量</td><td rowspan="7"></td><td rowspan="7"></td></tr>
<tr><td rowspan="4">特种设备操作</td><td colspan="2">电梯作业</td></tr>
<tr><td colspan="2">起重机械作业</td></tr>
<tr><td colspan="2">场(厂)内专用机动车辆作业</td></tr>
<tr><td colspan="2">金属焊接操作</td></tr>
<tr><td rowspan="2">特种作业</td><td colspan="2">电工作业</td></tr>
<tr><td colspan="2">高处作业</td></tr>
</table>

4. 危化企业“五高”风险清单[15, 18]

表 6-6 光气及光气化工艺单元“五高”固有风险清单（样表）

类别	要素	评价指标			指标赋值	备注
高风险设备	光气合成反应器	设备寿命周期				
		维保状态				
		一氧化碳、氯气含水量	无			
			有	完好率		
		反应物质配比	无			
			有	完好率		
		光气进料速度	无			
			有	完好率		
		压力	无			
			有	完好率		
		温度	无			
			有	完好率		
		紧急冷却系统	无			
			有	完好率		
		自动泄压装置	无			
			有	完好率		
		自动氨或碱液喷淋装置	无			
			有	完好率		
		光气、氯气、一氧化碳监测及超限报警	无			
			有	完好率		
		温度、压力报警联锁	无			
			有	完好率		
	光气化反应器	设备寿命周期				
		维保状态				
		光气/××原料	无			
			有	完好率		
		反应温度	无			
			有	完好率		
		通光总量	无			
			有	完好率		
		压力	无			
			有	完好率		

续表

类别	要素	评价指标		指标赋值	备注
高风险场所	储罐区	区域内人数			
	生产区域	区域内人数			
	槽车装卸点	区域内人数			
高风险物品	爆炸品	储存量			储存量/临界量
	易燃气体	储存量			储存量/临界量
	氧化性气体	储存量			储存量/临界量
	毒性气体	储存量			储存量/临界量
	易燃液体	储存量			储存量/临界量
	易于自燃的物质	储存量			储存量/临界量
	遇水放出易燃气体的物质	储存量			储存量/临界量
	氧化性物质	储存量			储存量/临界量
	有机过氧化物	储存量			储存量/临界量
	毒性物质	储存量			储存量/临界量
高风险作业	危险作业	有限空间作业			
		危险区域动火作业			
		开停车作业			
		抽堵盲板作业			
		交叉作业			
		其他危险作业			
	特种设备操作	压力容器作业			
		压力管道作业			
		电梯作业			
		起重机械作业			
		场(厂)内专用机动车辆作业			
	特种作业	电工作业			
		焊接与热切割作业			
		高处作业			
		光气及光气化工艺作业			

表 6-7 氯碱工艺单元“五高”固有风险清单（样表）

类别	要素	评价指标			指标赋值	备注
高风险设备	电解槽	设备寿命周期				
		维保状态				
		液位	无			
			有	完好率		
		槽电流、电压	无			
			有	完好率		
		进出物料流量	无			
			有	完好率		
		温度	无			
			有	完好率		
		压力	无			
			有	完好率		
		原料中铵含量	无			
			有	完好率		
		氯气杂质含量	无			
			有	完好率		
		事故状态下氯气吸收中和系统	无			
			有	完好率		
		紧急联锁切断装置	无			
			有	完好率		
		可燃、有毒气体报警装置	无			
			有	完好率		
		电解槽的报警和联锁	无			
			有	完好率		
	洗涤塔	设备寿命周期				
		维保状态				
		液位	无			
			有	完好率		
		原料气浓度	无			
			有	完好率		

续表

类别	要素	评价指标			指标赋值	备注
高风险设备	氯化氢合成炉	设备寿命周期				
		维保状态				
		原料气浓度	无			
			有	完好率		
		氯气/氢气	无			
			有	完好率		
		压力	无			
			有	完好率		
		温度	无			
			有	完好率		
	氯气液化器	设备寿命周期				
		维保状态				
		原氯浓度	无			
			有	完好率		
		氢气含量	无			
			有	完好率		
		液化效率	无			
			有	完好率		
		压力	无			
			有	完好率		
高风险场所	储罐区	区域内人数				
	生产区域	区域内人数				
	槽车装卸点	区域内人数				
高风险物品	爆炸品	储存量				储存量/临界量
	易燃气体	储存量				储存量/临界量
	氧化性气体	储存量				储存量/临界量
	毒性气体	储存量				储存量/临界量
	易燃液体	储存量				储存量/临界量
	易于自燃的物质	储存量				储存量/临界量
	遇水放出易燃气体的物质	储存量				储存量/临界量

续表

类别	要素	评价指标			指标赋值	备注
高风险物品	氧化性物质	储存量				储存量/临界量
	有机过氧化物	储存量				储存量/临界量
	毒性物质	储存量				储存量/临界量
高风险作业	危险作业	有限空间作业				
		危险区域动火作业				
		开停车作业				
		抽堵盲板作业				
		交叉作业				
		其他危险作业				
	特种设备操作	压力容器作业				
		压力管道作业				
		电梯作业				
		起重机械作业				
		场(厂)内专用机动车辆作业				
	特种作业	电工作业				
		焊接与热切割作业				
		高处作业				
		氯碱工艺作业				

5. 烟花爆竹行业“五高”固有风险清单（示例）[23, 24]

表 6-8　组合烟花生产单元“五高”固有风险清单（样表）

典型事故风险点	风险因子	要素	指标描述	特征值		备注
燃烧爆炸事故风险点	高风险设施	切纸	本质安全化水平	危险隔离(替代)		GB 50161
				故障安全	失误风险	
		卷筒			失误安全	
		压底泥			失误风险	
		组盆串引			失误安全	
		装黑火药			失误风险	
		原材料粉碎			失误安全	

续表

典型事故风险点	风险因子	要素	指标描述	特征值		备注
燃烧爆炸事故风险点	高风险设施	原材料筛选	本质安全化水平	故障风险	失误风险	GB 50161
		机械混药			失误安全	
		亮珠造粒			失误风险	
		压药柱			失误安全	
		烘房			失误风险	
		联筒			失误安全	
	高风险工艺	监测监控系统	监测监控设施完好水平	温度监测	失效率	GB 10631 GB 11652
				湿度监测	失效率	
				视频监控设施	失效率	
				防雷设施接地电阻监测	失效率	
				监控系统接地电阻监测	失效率	
				排风扇电源接地电阻监测	失效率	
	高风险场所	装黑火药工房	人员风险暴露	场所人员暴露指数		GB 18218 GB/T 29304
		仓库或其他操作工房				
		混药工房				
		亮珠筛选工房				
		亮珠晾晒专用场				
		烘房				
		调湿药工房				
		蘸药(点尾)工房				
		亮珠包装工房				
		内筒装药封口工房				
		组装工房				
		包装成箱/褙皮工房				
	高风险物品(能量)	高氯酸钾、硝酸钾、氧化铜等		物质危险性	燃烧爆炸性	GB 10631 GB 11652 GB 18218
		镁铝合金粉、硫黄等		物质危险性	燃烧爆炸性	
		树脂、纸张、酒精等		物质危险性	易燃性	
		黑火药及引线等		物质危险性	爆炸性	

续表

典型事故风险点	风险因子	要素	指标描述	特征值	备注
燃烧爆炸事故风险点	高风险作业	危险作业	高风险作业种类	值班员、保管员、守护员	《特种作业人员安全技术培训考核管理规定》
				搬运、造粒、切引、装药	
		特种作业		电工作业	

第四节 “5+1+N”风险评估指标体系

根据安全控制论基本原理，单元安全风险水平取决于单元内固有风险及其管控的相互作用，同时考虑系统的动态特性，其风险水平状况将受到单元内相关动态指标的扰动。

“5＋1＋N”风险指标体系主要包括单元风险点固有风险指标（“5”）、单元风险管控指标（“1”）以及若干单元风险动态指标（“N”）三部分，单元风险点固有风险指标（“5”）表征单元风险点后果严重度属性，单元风险管控指标（“1”）表征单元风险发生的可能性，单元风险动态指标（“N”）表征对风险的扰动属性。

（1）单元风险点固有风险指标（“5”）

“五高”风险指标重点将高风险物品、高风险工艺、高风险设备、高风险场所、高风险作业作为指标体系的五个风险因子，分析指标要素与特征值，构建固有风险指标体系。

（2）单元风险管控指标（“1”）

将企业安全管理现状整体安全程度作为单元风险管控指标。风险管控能力将结合企业安全生产基础管理内容，以单元安全生产标准化指标作为风险管控指标（单元风险频率）依据。

（3）单元风险动态指标（“N”）

单元风险动态指标重点从高危风险监测特征指标、事故隐患动态指标、高危风险物联网大数据指标、特殊时期指标、自然环境指标等方面分析指标要素与特征值，构建指标体系。

“5+1+N”风险评估指标体系如图6-1所示。

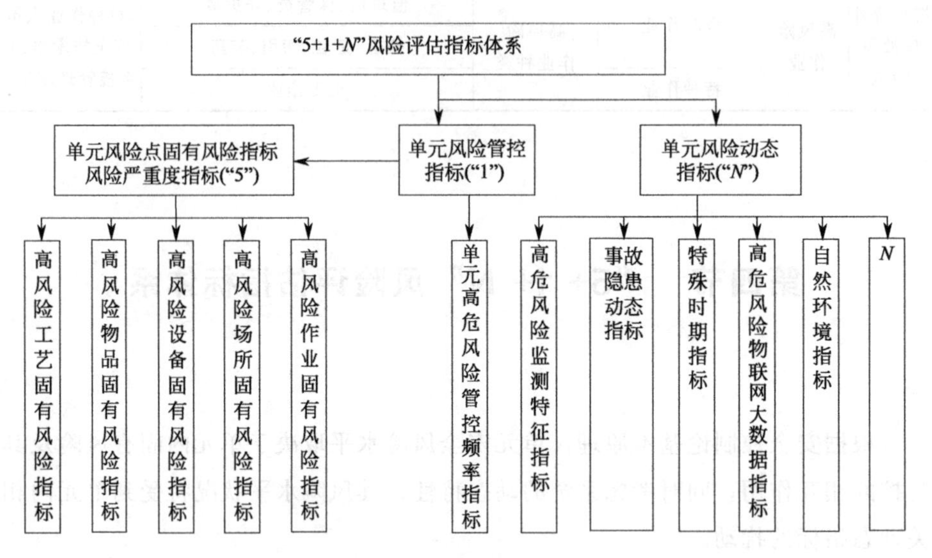

图6-1 “5+1+N”风险评估指标体系

第五节 单元风险点“五高”固有指标计量

单元风险点事故风险的“五高”固有危险指数受下列因素影响：

① 高风险设备：表征为设备本质安全化水平。

② 高风险工艺：表征为监测监控失效率水平。

③ 高风险物品：表征为物质危险性。

④ 高风险场所：表征为场所人员风险暴露。

⑤ 高风险作业：表征为作业危险性。

1. 高风险设备

固有危险指数以风险点设备设施本质安全化水平作为赋值依据，表征风险点生产设备设施防止事故发生的水平，取值范围 1.1～1.7，按表 6-9 取值。

表 6-9　高风险设备固有危险指数（h_s）

类型		取值
危险隔离(替代)		1.0
故障安全	失误安全	1.2
	失误风险	1.4
故障风险	失误安全	1.3
	失误风险	1.7

2. 高风险物品

高风险物品由高风险物品危险指数（M）表征。M 值由风险点高风险物品的火灾、爆炸、毒性、能量等特性确定，采用各高风险物品的实际存在量与临界量的比值与对应物品的危险特性校正系数相乘，累计叠加的 m 值作为分级指标，根据分级结果确定 M 值。

风险点高风险物品 m 值的计算方法如下：

$$m=\left(\beta_1\frac{q_1}{Q_1}+\beta_2\frac{q_2}{Q_2}+\cdots+\beta_n\frac{q_n}{Q_n}\right)\tag{6-3}$$

式中　q_1，q_2，…，q_n——每种高风险物品实际存在（在线）量，t；

Q_1，Q_2，…，Q_n——与各高风险物品相对应的临界量，t；

β_1，β_2，…，β_n——与各高风险物品相对应的校正系数。

企业涉及的高风险物品相对应临界量（Q_n）按照《危险化学品重大危险源辨识》（GB 18218）确定，主要高风险物品相对应临界量（Q_n）如表 6-10 所示。

表 6-10　高风险物品及对应临界量

序号	危险化学品名称和说明	临界量(Q_n)/t
1	氨	10
2	二氧化硫	20
3	甲醛(含量＞90%)	5
4	磷化氢	1
5	硫化氢	5
6	氯化氢(无水)	20

续表

序号	危险化学品名称和说明	临界量(Q_n)/t
7	氯	5
8	煤气(CO,CO和H_2、CH_4的混合物等)	20
9	甲烷、天然气	50
10	氢	5
11	乙炔	1
12	乙烯	50
13	氧(压缩的或液化的)	200
14	二硫化碳	50
15	甲醇	500
16	汽油(乙醇汽油、甲醇汽油)	200
17	乙醇	500
18	乙醚	10
19	白磷	50
20	过氧化钠	20
21	碳化钙	100

校正系数（β）的取值如表 6-11 所示。

表 6-11 常见高风险物品的校正系数

名称	一氧化碳	二氧化硫	氨	环氧乙烷	氯化氢	溴甲烷	氯
β	2	2	2	2	3	3	4
名称	硫化氢	氟化氢	二氧化氮	氰化氢	碳酰氯	磷化氢	异氰酸甲酯
β	5	5	10	10	20	20	20

根据计算出的 m 值，确定风险点高风险物品的级别，确定相应的高风险物品危险指数 M，取值范围为 1～9，如表 6-12 所示。

表 6-12 高风险物品级别及对应的危险指数取值

高风险物品级别	m 值	M 值
一级	$m \geqslant 100$	9
二级	$100 > m \geqslant 50$	7
三级	$50 > m \geqslant 10$	5
四级	$10 > m \geqslant 1$	3
五级	$m < 1$	1

3. 高风险场所

高风险场所由高风险场所人员暴露指数（E）来表征。人员暴露指数以单元 1km 范围内的人员数为依据，按表 6-13 取值。

表 6-13 暴露人数及其对应的人员暴露指数

暴露人数(p)	E 值
100 人以上	9
30～99 人	7
10～29 人	5
3～9 人	3
0～2 人	1

4. 高风险工艺

由高风险工艺修正系数（K_1）表征：

$$K_1=1+l \tag{6-4}$$

式中 l——监测监控设施失效率的平均值。

5. 高风险作业

由高风险作业危险性修正系数（K_2）表征：

$$K_2=1+0.05t \tag{6-5}$$

式中 t——风险点涉及高风险作业种类数。

第六节 单元风险评估模型

1. 风险点固有危险指数（h）

将风险点固有危险指数（h）定义为：

$$h=h_s MEK_1K_2 \tag{6-6}$$

式中 h_s——高风险设备固有危险指数；

M——高风险物品危险指数；

E——高风险场所人员暴露指数；

K_1——高风险工艺修正系数；

K_2——高风险作业危险性修正系数。

2. 单元固有危险指数（H）

单元区域内存在若干个风险点，根据安全控制论原理，单元固有危险指数为若干风险点固有危险指数的场所人员暴露指数加权累计值。H 定义如下：

$$H=\sum_{1}^{n} h_i (E_i/F) \tag{6-7}$$

式中 h_i——单元内第 i 个风险点固有危险指数；

E_i——单元内第 i 个风险点场所人员暴露指数；

F——单元内各风险点场所人员暴露指数累计值；

n——单元内风险点数。

3. 单元风险管控指标（“1”）

根据安全生产标准化专业评定标准，初始安全生产标准化等级满分为 100 分，一级为最高。单元风险频率指标用企业安全生产标准化程度来衡量，即采用单元安全生产标准化分数考核办法来衡量单元固有风险初始引发事故的概率。则计量单元风险频率为：

$$G=100/v \tag{6-8}$$

式中 G——单元风险频率；

v——安全生产标准化自评/评审分值。

4. 单元初始（或现实）安全风险分级与评估

将单元风险频率（G）与单元固有危险指数聚合，得到单元初始安全风险：

$$R_0=GH \tag{6-9}$$

式中 R_0——单元初始安全风险；

G——单元风险频率；

H——单元固有危险指数。

单元现实风险（R_N）为现实风险动态修正指数对单元初始安全风险（R_0）进行修正的结果。安全生产基础管理动态指标（B_s）对单元初始安全风险（R_0）进行修正；使用特殊时期指标、高危风险物联网大数据指标和自然环境指标，对单元风险等级进行调档。

单元现实风险（R_N）为：

$$R_N = R_0 B_s \tag{6-10}$$

式中 R_N——单元现实风险；

R_0——单元初始安全风险；

B_s——安全生产基础管理动态指标。

5. 风险动态指标调控规则

使用单元现实风险动态修正指数实时修正单元初始安全风险（R_i）。主要包括高危风险监测特征指标、安全生产基础管理动态指标、特殊时期指标、高危风险物联网指标和自然环境指标等。

（1）高危风险监测特征指标

高危风险监测特征指标指与涉及安全生产的动态在线监测数据紧密相关，指标如温度、压力、冷却水情况等。

用高危风险动态监测特征指标修正系数（K_3）修正风险点固有危险指数（h）。在线监测项目实时报警分一级报警（低报警）、二级报警（中报警）和三级报警（高报警）。当在线监测项目达到3项一级报警时，记为1项二级报警；当监测项目达到2项二级报警时，记为1项三级报警。设定一、二、三级报警的权重分别为1、3、6，归一化处理后的系数分别为0.1、0.3、0.6，即报警信号修正系数，公式描述为：

$$K_3 = 1 + 0.1a_1 + 0.3a_2 + 0.6a_3 \tag{6-11}$$

式中 K_3——高危风险动态监测特征指标修正系数；

a_1——一级报警次数；

a_2——二级报警次数；

a_3——三级报警次数。

（2）安全生产基础管理动态指标（B_s）

安全生产基础管理动态指标指符合单元安全生产管理特点的指标，主要包括事故隐患评估、隐患等级、隐患整改情况及生产安全事故4项指标。

包含事故隐患评估（即事故隐患信息量化）、隐患等级、隐患整改情况、生产安全事故指标4项指标。

① 事故隐患评估（I_1）。事故隐患评估是对事故隐患信息定量化的表示，对事故隐患一旦失控可能会造成的后果进行评估。不同后果的对应分值如表6-14所示。

表 6-14 事故隐患不同后果的对应分值（a_n）

序号(n)	可能会造成的后果(A_n)	对应分值(a_n)
1	死亡	1
2	重伤	0.5
3	轻伤	0.1

隐患数量影响事故隐患评估指标计算结果。明确企业基本隐患数量，即规定时间内发现的隐患平均数，通过基本隐患数量与实际隐患发现数量的比值来消除隐患数量统计误差对系统的影响。

$$I_1=\frac{A}{A_1+A_2+A_3}(A_1a_1+A_2a_2+A_3a_3) \tag{6-12}$$

式中 I_1——事故隐患评估指标；

A_1——后果可能造成死亡的隐患对应的数量；

A_2——后果可能造成重伤的隐患对应的数量；

A_3——后果可能造成轻伤的隐患对应的数量；

a_1——后果可能造成死亡的隐患对应的分值；

a_2——后果可能造成重伤的隐患对应的分值；

a_3——后果可能造成轻伤的隐患对应的分值；

A——预警周期内基本隐患数量（可根据企业历史平均值确定）。

② 隐患等级（I_2）。分为一般隐患和重大隐患。不同等级的隐患的对应分值如表6-15所示。

表 6-15 不同等级的隐患的对应分值（b_n）

序号(n)	隐患等级(B_n)	对应分值(b_n)
1	重大隐患	1
2	一般隐患	0.1

$$I_2=B_1b_1+B_2b_2 \tag{6-13}$$

式中 I_2——隐患等级；

B_1——重大隐患对应数量；

B_2——一般隐患对应数量；

b_1——重大隐患对应分值；

b_2——一般隐患对应分值。

并且，$B_1+B_2=A_1+A_2+A_3$。

③ 隐患整改情况。隐患整改情况由隐患整改率（I_3）表示。隐患整改率，对应分值如表 6-16 所示。

表 6-16 不同隐患整改率对应分值（c_{n_1}、c_{n_2}）

序号(n)	隐患整改率(重大隐患、一般隐患)	对应分值(c_{n_1}、c_{n_2})
1	等于 100%	0
2	大于或等于 80%，且小于 100%	5%
3	大于或等于 50%，且小于 80%	10%
4	大于或等于 30%，且小于 50%	20%
5	小于 30%	30%

$$I_3=B_1b_1c_{n_1}+B_2b_2c_{n_2} \tag{6-14}$$

式中 I_3——隐患整改率；

c_{n_1}——重大隐患整改率对应的分值，$n_1=1$，2，3，4，5；

c_{n_2}——一般隐患整改率对应的分值，$n_2=1$，2，3，4，5。

④ 生产安全事故指标（I_4）。包含死亡、重伤、轻伤等人身伤害事故，生产设备事故及险肇（未遂）事故等若干指标项。

不同事故类型的对应分值如表 6-17 所示。

表 6-17 不同的生产安全事故指标对应分值（d_n）

序号(n)	事故类型(D_n)	对应分值(d_n)
1	死亡	1.00
2	重伤	0.50
3	轻伤	0.10
4	生产设备事故	0.05
5	险肇(未遂)事故	0.01

$$I_4=D_1d_1+D_2d_2+D_3d_3+D_4d_4+D_5d_5 \tag{6-15}$$

式中 I_4——生产安全事故指标；

D_1——当期死亡事故对应的人数；

D_2——当期重伤事故对应的人数；

D_3——当期轻伤事故对应的人数；

D_4——当期生产设备事故起数；

D_5——当期险肇（未遂）事故起数；

d_1——死亡事故对应的分值；

d_2——重伤事故对应的分值；

d_3——轻伤事故对应的分值；

d_4——生产设备事故对应的分值；

d_5——险肇（未遂）事故对应的分值。

根据历史安全数据、事故情况等，各指标在安全生产基础管理动态指标体系中的相对重要程度，确定各指标对 B_s 的权重赋值。具体各指标权重值（W_n）见表 6-18。

表 6-18 各指标对应权重值（W_n）

序号(n)	安全生产基础管理指标类型(I_n)		对应分值(W_n)
1	事故隐患指标	事故隐患评估(I_1)	0.15
2		隐患等级(I_2)	0.15
3		隐患整改率(I_3)	0.20
4	生产安全事故指标	生产安全事故指标(I_4)	0.50

通过指标量化值及其指标权重，建立数学模型，得出安全生产基础管理动态指标（B_s）值，以表征当前安全生产基础管理状态。B_s 对安全生产基础管理状态的生成，根据其指标对安全生产基础管理状态状况，产生正向和负向的系数影响，即有利于事故预防、安全管理的指标项在公式中属于负向的系数，不利于事故预防、安全管理的指标项在公式中属于正向的系数。

$$B_s = I_1 W_1 + I_2 W_2 + I_3 W_3 + I_4 W_4 \tag{6-16}$$

式中 B_s——安全生产基础管理动态指标；

W_n——各指标所对应的权重，$n=1$，2，3，4。

(3) 特殊时期指标修正

特殊时期指标指法定节假日、国家或地方重要活动等时期，特殊时期应将单元现实风险等级提一档。

（4）高危风险物联网大数据指标修正

高危风险物联网指标指近期单元发生生产安全事故及国内外发生典型同类事故，此时应将初始的单元现实风险（R）提一档。

（5）自然环境指标修正

自然环境指标指区域内发生气象、地震、地质等灾害，此时应将初始的单元现实风险提一档。

6. 单元风险分级标准

（1）非煤矿山企业[9,10,25]

将非煤矿山企业风险等级划分为Ⅰ级、Ⅱ级、Ⅲ级、Ⅳ级，见表6-19。

表6-19 非煤矿山企业风险等级划分

现实风险(R_N)	预警信号	风险等级
$R_N \geqslant 150$	红	Ⅰ级
$105 \leqslant R_N < 150$	橙	Ⅱ级
$48 \leqslant R_N < 105$	黄	Ⅲ级
$48 < R_N$	蓝	Ⅳ级

（2）危险化学品企业

将危险化学品企业重大安全风险等级划分为Ⅰ级、Ⅱ级、Ⅲ级、Ⅳ级，见表6-20。

表6-20 危险化学品企业单元风险等级划分标准

单元现实风险(R_N)	预警信号	风险等级
$R_N \geqslant 200$	红	Ⅰ级
$200 > R_N \geqslant 100$	橙	Ⅱ级
$100 > R_N \geqslant 20$	黄	Ⅲ级
$R_N < 20$	蓝	Ⅳ级

（3）金属冶炼企业

将金属冶炼企业重大安全风险等级划分为Ⅰ级、Ⅱ级、Ⅲ级、Ⅳ级，见表6-21。

表 6-21 金属冶炼企业单元风险等级划分标准

单元现实风险(R_N)	预警信号	风险等级
$R_N \geqslant 85$	红	Ⅰ级
$85 > R_N \geqslant 50$	橙	Ⅱ级
$50 > R_N \geqslant 30$	黄	Ⅲ级
$30 > R_N$	蓝	Ⅳ级

（4）工贸行业

将工贸行业重大安全风险等级划分为Ⅰ级、Ⅱ级、Ⅲ级、Ⅳ级，见表 6-22。

表 6-22 工贸行业单元风险等级划分标准

单元现实风险(R_N)	风险等级	风险等级	预警级别
$R_N \geqslant 80$	一级风险	Ⅰ	红色预警
$50 \leqslant R_N < 80$	二级风险	Ⅱ	橙色预警
$20 \leqslant R_N < 50$	三级风险	Ⅲ	黄色预警
$R_N < 20$	四级风险	Ⅳ	蓝色/不预警

（5）烟花爆竹行业

将烟花爆竹行业重大安全风险等级划分为Ⅰ级、Ⅱ级、Ⅲ级、Ⅳ级，见表 6-23。

表 6-23 烟花爆竹行业单元“五高”风险等级划分标准

单元现实风险(R_N)	预警信号	风险等级
$R_N \geqslant 85$	红	Ⅰ级
$85 > R_N \geqslant 50$	橙	Ⅱ级
$50 > R_N \geqslant 30$	黄	Ⅲ级
$30 > R_N$	蓝	Ⅳ级

第七节 单元风险聚合模型

1. 企业整体风险（R）聚合

企业整体风险（R）由企业内单元现实风险最大值 $\max(R_{Ni})$ 确定，企业整体风险等级根据表 6-19～表 6-23 的标准进行风险等级划分。

$$R = \max(R_{Ni}) \tag{6-17}$$

2. 区域风险聚合模型

为了便于风险分级标准统一化，区域风险值同样采用内梅罗指数法计算。

(1) 县（区）级风险（R_C）

根据各企业整体风险（R_i），从中找出最大风险值 $\max(R_{Ni})$ 和平均值 $\mathrm{ave}(R_{Ni})$，按照内梅罗指数的基本计算公式，县（区）级风险（R_C）为：

$$R_C = \sqrt{\frac{\max(R_{Ni})^2 + \mathrm{ave}(R_{Ni})^2}{2}} \tag{6-18}$$

式中 $\max(R_{Ni})$ ——区域内企业整体风险值中的最大值；

$\mathrm{ave}(R_{Ni})$ ——区域内企业整体风险值的平均值。

县（区）级风险等级根据不同行业类型分别按照表 6-19～表 6-23 的标准进行风险等级划分。

(2) 市级风险（R_M）

根据各县（区）级风险（R_C），从中找出最大风险值 $\max(R_{Ci})$ 和平均值 $\mathrm{ave}(R_{Ci})$，按照内梅罗指数的基本计算公式，市级风险（R_M）为：

$$R_M = \sqrt{\frac{\max(R_{Ci})^2 + \mathrm{ave}(R_{Ci})^2}{2}} \tag{6-19}$$

式中 $\max(R_{Ci})$ ——区域内县（区）整体风险值中的最大值；

$\mathrm{ave}(R_{Ci})$ ——区域内县（区）整体风险值的平均值。

市级风险（R_M）等级根据不同行业类型分别按照表 6-19～表 6-23 的标准进行风险等级划分。

参考文献

[1] 王先华，吕先昌，秦吉．安全控制论的理论基础和应用[J]. 工业安全与防尘，1996，(1)：1-6,49.

[2] 王先华．安全控制论在安全生产风险管理应用研究[A]. 中国金属学会冶金安全与健康分会．2018年中国金属学会冶金安全与健康年会论文集[C]. 中国金属学会冶金安全与健康分会:中国金属学会,2018:10.

[3] 王彪,刘见,徐厚友,等．工业企业动态安全风险评估模型在某炼钢厂安全风险管控中的应用[J]. 工业安全与环保,2020,46(4)：15-20.

[4] 徐克，陈先锋．基于重特大事故预防的“五高”风险管控体系[J]．武汉理工大学学报(信息与管理工程版)，2017，39(06)：649-653.

[5] 王先华，夏水国，王彪．企业重大风险辨识评估技术与管控体系研究[A]．中国金属学会冶金安全与健康分会．2019年中国金属学会冶金安全与健康年会论文集[C]．中国金属学会冶金安全与健康分会：中国金属学会，2019：3.

[6] 刘诗飞，姜威．重大危险源辨识与控制[M]．北京：冶金工业出版社，2012.

[7] 叶义成．非煤矿山重特大风险管控[A]．中国金属学会冶金安全与健康分会．2019中国金属学会冶金安全与健康年会论文集[C]．中国金属学会冶金安全与健康分会：中国金属学会，2019：6.

[8] 姜旭初，姜威．金属非金属矿山风险管控技术[M]．北京：冶金工业出版社，2020.

[9] 王其虎，吴孟龙，李文，等．一种金属非金属地下矿山重大安全风险量化方法[P]．CN113344360A，2021.

[10] 王其虎，吴孟龙，叶义成，等．一种金属非金属露天矿山重大安全风险量化方法[P]．CN113344361A，2021.

[11] 宋思雨，徐克，尚迪，等．基于Haddon矩阵和ISM的人员密集场所踩踏事故风险分析[J]．安全与环境工程，2019，26(05)：150-155.

[12] 宋思雨，徐克，张贝，等．基于ISM的有限空间作业中毒事故风险分析[J]．安全与环境工程，2019，26(02)：140-144.

[13] 李欢．基于AHP-熵权法的物元模型在机械企业安全风险评价中的应用研究[D]．武汉：中国地质大学，2018.

[14] 郭颖．烟草加工场所粉尘爆炸风险分级研究[D]．武汉：中国地质大学，2018.

[15] 黄莹．涉氨制冷系统风险辨识和动态风险评价研究[D]．武汉：中国地质大学，2019.

[16] 史小棒．特种设备安全风险分级模型研究[D]．武汉：中国地质大学，2019.

[17] 宋思雨．工贸行业有限空间作业安全风险评估与控制[D]．武汉：中国地质大学，2020.

[18] 张贝．液氨罐车运输风险评估与控制研究[D]．武汉：中国地质大学，2020.

[19] 梁天瑞．汽车制造业涂装车间安全风险评估与管控研究[D]．武汉：中国地质大学，2020.

[20] 张秀玲．基于SEM-BN的木地板加工车间粉尘爆炸风险评估[D]．武汉：武汉科技大学，2020.

[21] 徐厚友，周琪，王彪，等．论钢铁企业集中操控之后的安全新挑战及对策防护措施[J]．工业安全与环保，2021，47(7)：4.

[22] 王先华．钢铁企业重大风险辨识评估技术与管控体系研究[A]．中国金属学会冶金安全与健康分会．2019年中国金属学会冶金安全与健康年会论文集[C]．中国金属学会冶金安全与健康分会：中国金属学会，2019：3.

[23] 马洪舟．烟花爆竹生产企业爆炸事故风险评估及控制研究[D]．武汉：中南财经政法大学，2020.

[24] 李刚．烟花爆竹经营行业风险预警与管控研究[D]．武汉：中南财经政法大学，2019.

[25] 李文．聚合系统属性和管理状态的非煤矿山适时风险评估模型[D]．武汉科技大学，2020.

第七章 “五高”风险辨识评估模型在各行业相关企业应用与验证

第一节　非煤矿山行业

非煤矿山选取了33座样本尾矿库作为评估对象。通过对33座尾矿库进行风险辨识，对溃坝风险点风险严重度（固有风险）进行评估。初始风险评估结果汇总见表7-1。评估结果表明：

① 评估模型重点突出。“五高”固有风险从“高风险设备、高风险工艺、高风险物品、高风险场所、高风险作业”层面能突出重点人群、设备、工艺、场所等的危险性，能充分展示实际现状情况，进一步说明了该模型评估结果的合理性。

② 在33座尾矿库评估中，10家尾矿库高风险设备固有危险指数（h_s）达到1.70，原因在于其筑坝采用“湿式排放的上游式尾矿坝”，坝体稳定性相对差；1家尾矿库的h_s为1，原因在于其采用一次性筑坝方式，且储存物质为磷石膏，坝体稳定性较高。

③ 高风险物品危险指数（M）与高风险场所人员暴露指数（E）在评估中占比最重，即现状坝高与库容决定了M的值。随着坝体加高或库容扩大，M值会增大；尾矿库下游存在人数越多，E值越大，对风险评估结果的影响越大，8家尾矿库场所人员暴露指数最高，达到9，这8家尾矿库均为“头顶库”。因此，对头顶库进行综合治理，减少暴露区域的人员，降低堆存量，能达到明显降低固有风险的作用。

④ 在线监测监控设施正常运转能有效控制尾矿库运行技术参数，降低固有风险，反之则固有风险增加。调研中，也发现多家尾矿库多项监测监控无数据或出现异常，企业应及时排除监测监控设施的故障，保障监测监控数据能够真实反映尾矿库的运行状态。同时，特种作业种类多，潜在固有风险高，实施自动化减人，减少高风险作业人员数量，是降低尾矿库固有风险的有效途径。

⑤ 企业应加强溃坝单元风险管控，提高安全标准化等级有助于降低初始风险。

⑥ 评估方法合理性分析。将“五高”现实风险定量评估法、风险矩阵半定量法进行对比，以两种方法结果拟合度最优为原则，对相关参数进行优化。定量评估法能呈现固有风险与单元风险频率的组合，而风险矩阵半定量法适用于对管控水平要求高的企业，即更注重安全生产标准化管理的企业[1,2]。

表 7-1 33 座尾矿库“五高”初始风险评估结果

尾矿库名称	风险点	风险点固有危险指数(h)	初始安全风险			
			安全生产标准化取值/分	单元风险频率(G)	初始安全风险值(R_0)	初始风险等级
001#	溃坝事故风险点	91.80	90	1.11	102.00	Ⅲ
002#	溃坝事故风险点	42.84	90	1.11	47.60	Ⅳ
003#	溃坝事故风险点	6.12	90	1.11	6.80	Ⅳ
004#	溃坝事故风险点	8.86	60	1.67	14.76	Ⅳ
005#	溃坝事故风险点	55.08	75	1.33	73.44	Ⅲ
006#	溃坝事故风险点	80.33	75	1.33	107.10	Ⅱ
007#	溃坝事故风险点	71.40	75	1.33	95.20	Ⅲ
008#	溃坝事故风险点	91.80	90	1.11	102.00	Ⅲ
009#	溃坝事故风险点	27.54	75	1.33	36.72	Ⅳ
010#	溃坝事故风险点	38.56	75	1.33	51.41	Ⅲ
011#	溃坝事故风险点	8.03	60	1.67	13.39	Ⅳ
012#	溃坝事故风险点	24.84	75	1.33	33.12	Ⅳ
013#	溃坝事故风险点	24.84	45	2.22	55.20	Ⅲ
014#	溃坝事故风险点	14.90	45	2.22	33.12	Ⅳ
015#	溃坝事故风险点	30.60	75	1.33	40.80	Ⅳ
016#	溃坝事故风险点	30.60	60	1.67	51.00	Ⅲ
017#	溃坝事故风险点	14.90	75	1.33	19.87	Ⅳ
018#	溃坝事故风险点	14.90	75	1.33	19.87	Ⅳ
019#	溃坝事故风险点	27.54	75	1.33	36.72	Ⅳ
020#	溃坝事故风险点	82.62	75	1.33	110.16	Ⅱ
021#	溃坝事故风险点	54	75	1.33	72.00	Ⅲ
022#	溃坝事故风险点	16.52	75	1.33	22.03	Ⅳ
023#	溃坝事故风险点	16.52	75	1.33	22.03	Ⅳ
024#	溃坝事故风险点	41.40	45	2.22	92.00	Ⅲ
025#	溃坝事故风险点	24.84	45	2.22	55.20	Ⅲ

续表

尾矿库名称	风险点	风险点固有危险指数(h)	初始安全风险			
			安全生产标准化取值/分	单元风险频率(G)	初始安全风险值(R_0)	初始风险等级
026#	溃坝事故风险点	64.26	75	1.33	85.68	Ⅲ
027#	溃坝事故风险点	24.84	45	2.22	55.20	Ⅲ
028#	溃坝事故风险点	14.90	45	2.22	33.12	Ⅳ
029#	溃坝事故风险点	27.54	45	2.22	61.20	Ⅲ
030#	溃坝事故风险点	14.90	45	2.22	33.12	Ⅳ
031#	溃坝事故风险点	49.57	75	1.33	66.10	Ⅲ
032#	溃坝事故风险点	40.16	75	1.33	53.55	Ⅲ
033#	溃坝事故风险点	55.08	90	1.11	61.20	Ⅲ

第二节　危险化学品行业

某公司碳九加氢装置的加氢反应为加氢工艺。碳五树脂装置、碳九冷聚树脂装置、碳五碳九共聚树脂装置的聚合反应属聚合工艺。该公司系统特点，在危险有害因素辨识、分析的基础上，以聚合工艺、加氢工艺和储罐区作为整个系统的单元进行评估。以碳五树脂工艺单元为评估对象[3-5]。

(1)“五高”固有风险指标量化

以碳五树脂工艺装置为评估对象，将火灾事故、爆炸事故、中毒事故3个风险点作为“五高”固有风险辨识与评估的重点进行评估。

① 火灾事故风险点 $h_1=1.3\times5\times3\times1.01\times1.45=28.56$

② 爆炸事故风险点 $h_2=1.3\times5\times5\times1.01\times1.45=47.6$

③ 中毒事故风险点 $h_3=1.3\times5\times1\times1.01\times1.45=9.52$

(2) 碳五聚合工艺单元固有危险指数

单元区域内存在若干个风险点，根据安全控制论原理，单元固有危险指数为若干风险点固有危险指数的场所人员暴露指数加权累计值。

碳五树脂单元区域内的3个风险点，$E_1=3$，$E_2=5$，$E_3=1$，$F=9$

故：$H=28.56\times(3/9)+47.6\times(5/9)+9.52\times(1/9)=37.02$

（3）初始高危风险管控指标

该公司安全生产标准化达标等级为二级，标准化得分为86分。计算出单元风险频率$G=1.16$。

（4）单元初始高危安全风险评估

该公司碳五树脂单元初始安全风险$R_0=1.16\times37.02=42.94$。

（5）单元现实高危风险动态指标

① 风险点固有危险指数动态监测指标修正值（h_d）。使用高危风险动态监测特征指标修正系数（K_3）对风险点固有危险指数进行动态修正：

$$h_d=hK_3 \tag{7-1}$$

式中 h_d——风险点固有危险指数动态监测指标修正值；

h——风险点固有危险指数；

K_3——高危风险动态监测特征指标修正系数。

用高危风险动态监测特征指标修正系数（K_3）修正风险点固有危险指数（h）。在线监测项目实时报警分一级报警（低报警）、二级报警（中报警）和三级报警（高报警）。当在线监测项目达到3项一级报警时，记为1项二级报警；当监测项目达到2项二级报警时，记为1项三级报警。由此，设定一、二、三级报警的权重分别为1、3、6，归一化处理后的系数分别为0.1、0.3、0.6，高危风险动态监测特征指标修正系数公式描述为：

$$K_3=1+0.1a_1+0.3a_2+0.6a_3 \tag{7-2}$$

式中 K_3——高危风险动态监测特征指标修正系数；

a_1——实时一级报警（低报警）项数；

a_2——实时二级报警（中报警）项数；

a_3——实时三级报警（高报警）项数。

现实报警次数为动态数据，暂先以3次一级报警、2次二级报警、1次三级报警的情况进行测算，计算结果为：$K_3=2.50$，即$h_{d1}=71.40$，$h_{d2}=119.00$，$h_{d3}=23.80$。

② 单元固有危险指数动态修正值（H_D）。单元区域内存在若干个风险点，根据安全控制论原理，单元固有危险指数动态修正值（H_D）为若干风险点固有危险指数动态监测指标修正值与场所人员暴露指数加权累计值。H_D定义

如下：

$$H_{D}=\sum_{i=1}^{n}h_{di}(E_{i}/F) \tag{7-3}$$

式中　H_D——单元固有危险指数动态修正值；

h_{di}——单元内第 i 个风险点固有危险指数动态监测指标修正值；

E_i——单元内第 i 个高风险场所人员暴露指数；

F——单元内各风险点场所人员暴露指数累计值；

n——单元内风险点数。

碳五树脂单元区域内的 3 个风险点，$h_{d1}=71.39$，$h_{d2}=118.99$，$h_{d3}=23.80$，故：

$$H_D=71.40\times(3/9)+119.00\times(5/9)+23.80\times(1/9)=92.55$$

③ 单元初始安全风险修正值（R_{0d}）。将单元风险频率（G）与固有风险指数聚合：

$$R_{0d}=G\times H_D \tag{7-4}$$

式中　R_{0d}——单元初始安全风险修正值；

G——单元风险频率；

H_D——单元固有危险指数动态修正值。

$$R_{0d}=1.16\times92.55=107.36$$

第三节　金属冶炼行业

对某冶金企业炼铁、炼钢系统进行评估[6-8]。

（一）炼铁单元重大风险评估

1. “五高”固有风险指标量化

将高炉坍塌事故、熔融金属事故、煤气事故、粉爆事故 4 个风险点作为

“五高”固有风险辨识与评估的重点。下面以某冶金企业 $2600m^3$ 新1#高炉作为评估对象，从“五高”角度对各风险点进行评估。

(1) 高炉坍塌事故风险点

① 高风险设备——高炉本体。以新1#高炉设备设施本质安全化水平作为赋值依据，表征高炉坍塌事故风险点生产设备设施防止事故发生的技术水平，取值范围1.1～1.7，见表7-2。

表7-2 高风险设备固有危险指数（h_s）

类型		取值
危险隔离(替代)		1.0
故障安全	失误安全	1.2
	失误风险	1.4
故障风险	失误安全	1.3
	失误风险	1.7

新1#高炉运行平稳，本质安全化水平较高，各项安全联锁正常投入使用，按“失误安全”赋值，取 $h_s=1.3$。

② 高风险工艺。高炉坍塌事故风险点高风险工艺有软水密闭循环系统和高炉系统。其中，软水密闭循环系统特征值取冷却壁系统水量监测失效率和炉底系统水量监测失效率；高炉系统特征值取炉身、炉腰、炉腹冷却壁温度监测失效率、炉基温度监测失效率、视频监控失效率等。由高风险工艺修正系数 K_1 表征：$K_1=1+l$（l 为监测监控设施失效率的平均值）。

新1#高炉工艺比较普遍，较为成熟，各项特征值失效率较低，取 $K_1=1.01$。

③ 高风险场所。高炉坍塌事故风险点高风险场所主要是高炉区域，以“人员风险暴露”作为特征值，即根据事故风险模拟计算结果，暴露在高炉坍塌事故影响范围内的所有人员（包含作业人员及周边可能存在的人员）。以风险点内暴露人数（p）来衡量，按表7-3取值，取值范围1～9。

表7-3 风险点暴露人员指数赋值表

暴露人数(p)	E 值
100人以上	9
30～99人	7
10～29人	5

续表

暴露人数(p)	E 值
3～9 人	3
0～2 人	1

炼铁系统在岗员工共为 133 人。新 1＃高炉当班人数介于 10～29 人之间，取 $E=5$。

④ 高风险物品。高炉坍塌事故风险点高风险物品主要是铁水和高温炉料等高温熔融物。采用高温熔融物的实际存在量与临界量的比值与高温熔融物的危险特性校正系数相乘得到的 m 值作为分级指标，根据分级结果确定 M 值。

风险点高风险物品 m 值的计算方法如下：

$$m=\left(\beta_1\frac{q_1}{Q_1}+\beta_2\frac{q_2}{Q_2}+\cdots+\beta_n\frac{q_n}{Q_n}\right) \tag{7-5}$$

式中　q_1，q_2，…，q_n——每种高风险物品实际存在（在线）量，t；

Q_1，Q_2，…，Q_n——与各高风险物品相对应的临界量，t；

β_1，β_2，…，β_n——与各高风险物品相对应的校正系数。

其中，高温熔融物临界量 Q 取 150t，校正系数 β 取 1，根据计算出来的 m 值，按表 7-4 确定金属冶炼行业风险点高风险物品的级别，确定相应的高风险物品危险指数（M），取值范围 1～9。

表 7-4　风险点高风险物品 m 值和高风险物品危险指数（M）的对应关系

m 值	M 值
$m\geqslant100$	9
$100>m\geqslant50$	7
$50>m\geqslant10$	5
$10>m\geqslant1$	3
$m<1$	1

新 1＃高炉容积为 2600m^3，按炉内铁水和高温炉料等高温熔融物在 3000t 左右估算，对应 $M=5$。

⑤ 高风险作业。高炉坍塌事故风险点高风险作业主要有危险作业、特种设备操作、特种作业等，由高风险作业危险性修正系数 K_2 表征：$K_2=1+$

0.05t（t 为风险点涉及高风险作业种类数）。取 $K_2=1.15$。

⑥ 风险点典型事故风险的固有危险指数。将风险点固有危险指数 h 定义为：

$$h=h_s MEK_1K_2 \tag{7-6}$$

风险点危险指数为：$h_1=1.3\times5\times5\times1.01\times1.15=37.75$。

⑦ 风险点动态危险指数。将风险点动态危险指数 h'定义为：

$$h'=hK_3 \tag{7-7}$$

现实报警次数为动态数据，暂先以理想状况无监测报警的情况进行测算，取 $K_3=1$，即 $h'_1=h_1=37.75$。

（2）熔融金属事故风险点

按以上高炉坍塌事故风险点固有危险指数测算过程，对熔融金属事故风险点的固有危险指数进行测算，结果如下：$h_2=1.3\times3\times3\times1.01\times1.15=13.59$。

以理想状况无监测报警的情况进行风险点动态危险指数测算，取 $K_3=1$，即 $h'_2=h_2=13.59$。

（3）煤气事故风险点

按以上高炉坍塌事故风险点固有危险指数测算过程，对煤气事故风险点的固有危险指数进行测算，结果如下：$h_3=1.3\times1\times3\times1.01\times1.2=4.73$。

考虑到煤气报警器在实际生产中报警比较普遍，取低报警 3 次，中报警 1 次，高报警 1 次，进行风险点固有危险指数动态监测指标修正值测算，取 $K_3=2.2$，即 $h'_3=h_3\times2.2=10.41$。

（4）粉爆事故风险点

按以上高炉坍塌事故风险点固有危险指数测算过程，对粉爆事故风险点的固有危险指数进行测算，结果如下：$h_4=1.3\times5\times3\times1.01\times1.15=22.65$。

以理想状况无监测报警的情况进行风险点固有危险指数动态监测指标修正值测算，取 $K_3=1$，即 $h'_4=h_4=22.65$。

（5）炼铁单元固有危险指数

根据安全控制论原理，单元固有危险指数为若干风险点动态危险指数的场所人员暴露指数加权累计值。H 定义如下：

$$H=\sum_{i=1}^{n}h'_i(E_i/F) \tag{7-8}$$

式中 h_i'——单元内第 i 个风险点动态危险指数；

E_i——单元内第 i 个风险点场所人员暴露指数；

F——单元内各风险点场所人员暴露指数累计值；

n——单元内风险点数。

炼铁单元区域内的 4 个风险点，$E_1=5$，$E_2=3$，$E_3=3$，$E_4=3$，$F=14$，故：$H=37.75\times(5/14)+13.59\times(3/14)+10.41\times(3/14)+22.65\times(3/14)=23.48$。

2. 单元风险频率指标量化

单元风险频率指标以企业安全生产管控标准化程度来衡量，即采用单元安全生产标准化分数考核办法来衡量单元固有风险初始引发事故的概率。单元风险频率为：

$$G=100/v \tag{7-9}$$

式中 G——单元风险频率；

v——安全生产标准化自评/评审分值。

该冶金企业炼铁系统安全生产标准化达标等级为二级，暂定取值 75 分。计算出炼铁单元风险频率指标（G）为 1.33。

3. 单元初始风险评估

将单元风险频率（G）与单元固有危险指数聚合：

$$R_0=GH \tag{7-10}$$

式中 R_0——单元初始安全风险；

G——单元风险频率；

H——单元固有危险指数值。

即炼铁单元初始安全风险值 $R_0=1.33\times23.48=31.23$。

4. 单元现实风险评估

单元现实风险（R_N）为现实风险动态修正指数对单元初始安全风险（R_0）进行修正的结果。安全生产基础管理动态指标（B_s）对单元初始安全风险（R_0）进行修正；特殊时期指标、高危风险物联网大数据指标和自然环境指标对单元风险等级进行调档。

单元现实风险（R_N）为：

$$R_N=R_0B_s \quad (7\text{-}11)$$

式中 R_N——单元现实风险；

R_0——单元初始安全风险；

B_s——安全生产基础管理动态指标。

安全生产基础管理动态指标主要包括事故隐患评估（I_1）、隐患等级（I_2）、隐患整改率（I_3）及生产安全事故指标（I_4）。

$$B_s=I_1W_1+I_2W_2+I_3W_3+I_4W_4 \quad (7\text{-}12)$$

参考炼铁单元安全管理基本情况，测算其安全生产基础管理动态指标：

$$B_s=0.15\times1+0.15\times2+0.20\times0+0.50\times0.45=0.675$$

即炼铁单元现实风险值：$R_N=31.23\times0.675=21.08$。

依据单元安全风险分级标准，炼铁单元现实高危安全风险等级为Ⅳ级。

（二）炼钢单元重大风险评估

炼钢单元“五高”风险指标的辨识与评估，将熔融金属事故、煤气事故2个风险点作为“五高”固有风险辨识与评估的重点。下面以130t 1＃转炉作为评估对象，从“五高”角度对各风险点进行评估。

按以上炼铁单元重大风险评估的计算过程，对炼钢单元重大风险进行测算评估，结果如下：

$$H=8.34，G=1.33，R_0=11.09，R_N=18.32$$

依据单元安全风险分级标准，炼钢单元现实高危安全风险等级也为Ⅳ级。

（三）应用对象整体风险

按以上过程计算出所有金属冶炼单元的 R_N，见表7-5。

表7-5 该冶金企业所有金属冶炼单元的现实风险值 R_N

序号	单元	R_N 值
1	新1＃高炉	21.08
2	新2＃高炉	19.74
3	新区炼钢	18.32
4	老区炼钢	24.57

该冶金企业所有金属冶炼单元整体综合风险为：

$$R=\max(R_{Ni})=24.57$$

按照“五高”风险等级划分标准，该冶金企业整体风险值为24.57，整体风险等级为Ⅳ级，预警信号为蓝色。

第四节　工贸行业

以涉氨制冷重点专项领域单元为示范[4,5,9-16]。

1. 涉氨制冷单元“5+1+N”风险评估指标体系

基于涉氨制冷单元的基本工艺特征，结合典型事故案例的研究以及事故模式的分析，遵循科学性、可操作性的原则，探究并确定涉氨制冷单元风险影响因素，最终形成工贸行业涉氨制冷单元的“5＋1＋N”风险评估指标体系。“5＋1＋N”风险评估指标体系包括以高风险物质、设备、工艺、作业、场所为风险因子的单元风险点固有风险指标（“5”），以安全管理水平为要素的单元风险管控指标（“1”），以高危风险监测特征指标、事故隐患动态数据、特殊时期指标、物联网大数据指标、自然环境数据为要素的单元风险动态指标体系（“N”）。

2. 涉氨制冷单元风险点固有风险指标（“5”）

单元风险点固有风险指标包括表征设备风险因子的设备本质安全化水平，表征物质风险因子的物质危险性、表征工艺风险因子的监测监控设施完好率水平，表征场所风险因子的人员风险暴露指数，表征作业风险因子的高风险作业种类。

涉氨单元生产装置中储存的氨是事故的能量来源，属于高风险物品；涉氨制冷单元有整套的制冷系统，包括压缩机、冷凝器、蒸发器、储罐、管道等设备设施，生产过程有压力的循环变化，属于高风险设备；涉氨单元的工艺监测装置（如压力表、液位计、氨气浓度检测仪等）的完好性反映了企业对关键指标控制的可靠性，属于高风险工艺；涉氨单元有制冷与空调作业、压力管道的巡护维检、固定式压力容器操作等作业，作业的合规性某种程度上影响着事故发生的概率和严重度，因此属于高风险作业；厂区及其附近的人员暴露的程度，决定了事故发生可能导致的人员伤亡后果，属于高风险场所。

3. 涉氨制冷的单元风险管控指标（“1”）

涉氨制冷单元安全风险管控指标指涉氨制冷企业的安全生产标准化等级。安全生产标准化等级是企业安全管控水平的重要衡量依据。《企业安全生产标准化基本规范》（GB/T 33000）指出，企业根据自身安全生产实际，从目标职责、制度化管理、教育培训、现场管理、安全风险管控及隐患排查治理、应急管理、事故管理、持续改进8个要素内容实施标准化管理。

4. 涉氨制冷的单元风险动态指标（“N”）

涉氨制冷单元的固有风险指标体系包括：以关键监测数据为依托的高危风险监测特征指标，以隐患排查治理系统数据为依托的事故隐患动态指标，以物联网大数据为依托的高危风险物联网大数据指标，以特殊时期数据为依托的特殊时期指标，以气象数据为依托的自然环境动态指标。以此建立涉氨制冷的单元风险动态指标（“N”）。

高危风险监测特征指标主要依据企业安装的监测监控在线系统（DCS控制系统）监测的关键指标，如压力、液位、流量、浓度等；事故隐患动态指标包含隐患排查治理系统的一般事故隐患和重大事故隐患；特殊时期指标如国家或地方重要活动、法定节假日；高危风险物联网大数据指标指同类型事故、同时期事故高发时期等；自然环境指标指气象、地质灾害等。

5. 不同涉液氨风险点的评估结果

结果如表7-6所示。

表7-6 涉液氨风险点评估结果

指标赋值										风险点固有危险指数(h)	单元固有危险指数(H)
高风险设备固有危险指数(h_s)	高风险物品危险指数(M)	高风险场所人员暴露指数(E)	高风险工艺修正系数(K_1)	高风险作业危险性修正系数(K_2)	监测监控设施失效率平均值(l)	风险点涉及高风险作业种类数(t)	风险点每班作业人数/人	风险点每日倒班数	暴露时间/h		
1.40	1	10	1.01	1.35	0.01	7	10	3	8	19.09	17.86
1.40	1	10	1.02	1.30	0.02	6	10	3	8	18.56	
1.40	1	1.25	1.02	1.30	0.02	6	10	3	1	2.32	

续表

指标赋值										风险点固有危险指数(h)	单元固有危险指数(H)
高风险设备固有危险指数(h_s)	高风险物品危险指数(M)	高风险场所人员暴露指数(E)	高风险工艺修正系数(K_1)	高风险作业危险性修正系数(K_2)	监测监控设施失效率平均值(l)	风险点涉及高风险作业种类数(t)	风险点每班作业人数/人	风险点每日倒班数	暴露时间/h		
1.40	3	10	1.01	1.35	0.01	7	10	3	8	57.27	
1.40	3	10	1.02	1.30	0.02	6	10	3	8	55.69	53.57
1.40	3	1.25	1.02	1.30	0.02	6	10	3	1	6.96	
1.00	5	10	1.01	1.35	0.01	7	10	3	8	68.18	
1.00	5	10	1.02	1.30	0.02	6	10	3	8	66.30	63.77
1.00	5	1.25	1.02	1.30	0.02	6	10	3	1	8.29	
1.40	5	10	1.01	1.35	0.01	7	10	3	8	95.45	
1.40	5	10	1.02	1.30	0.02	6	10	3	8	92.82	89.28
1.40	5	1.25	1.02	1.30	0.02	6	10	3	1	11.60	
1.70	5	10	1.01	1.35	0.01	7	10	3	8	115.90	
1.70	5	10	1.02	1.30	0.02	6	10	3	8	112.71	108.41
1.70	5	1.25	1.02	1.30	0.02	6	10	3	1	14.09	
1.40	7	10	1.01	1.35	0.01	7	10	3	8	133.62	
1.40	7	10	1.02	1.30	0.02	6	10	3	8	129.95	124.99
1.40	7	1.25	1.02	1.30	0.02	6	10	3	1	16.24	
1.00	9	10	1.01	1.35	0.01	7	10	3	8	122.72	
1.00	9	10	1.02	1.30	0.02	6	10	3	8	119.34	114.79
1.00	9	1.25	1.02	1.30	0.02	6	10	3	1	14.92	
1.40	9	10	1.01	1.35	0.01	7	10	3	8	171.80	
1.40	9	10	1.02	1.30	0.02	6	10	3	8	167.08	160.70
1.40	9	1.25	1.02	1.30	0.02	6	10	3	1	20.88	
1.70	9	10	1.01	1.35	0.01	7	10	3	8	208.62	
1.70	9	10	1.02	1.30	0.02	6	10	3	8	202.88	195.14
1.70	9	1.25	1.02	1.30	0.02	6	10	3	1	25.36	

第五节 烟花爆竹行业

1. 单元风险评估[17,18]

某烟花爆竹公司“五高”初始风险评估结果如表7-7所示。

表7-7 某烟花爆竹公司“五高”初始风险评估结果

烟花爆竹生产单元名称	风险点	风险点固有危险指数(h)	初始(现实)安全风险			
			安全生产标准化取值/分	单元风险频率(G)	初始安全风险值(R_0)	初始风险等级
组合烟花生产	燃烧爆炸事故风险点	22.19	72	1.39	30.84	Ⅲ级
内筒效果件生产	燃烧爆炸事故风险点	21.42	78	1.28	27.42	Ⅳ级
爆竹生产	燃烧爆炸事故风险点	21.42	89	1.12	23.99	Ⅳ级
爆竹引线生产	燃烧爆炸事故风险点	16.66	79	1.27	21.16	Ⅳ级
烟花爆竹仓库或中转库	燃烧爆炸事故风险点	6.12	90	1.11	6.79	Ⅳ级
烟花爆竹配送运输	燃烧爆炸事故风险点	12.24	95	1.05	12.85	Ⅳ级
烟花爆竹零售经营门店	燃烧爆炸事故风险点	10.63	87	1.15	12.23	Ⅳ级

2. 企业风险聚合

某烟花爆竹公司整体综合风险为：

$$R=\max(R_{Ni})=30.84$$

则某烟花爆竹公司整体风险值为30.84，整体风险等级为Ⅲ级，预警信号为黄色。

参考文献

[1] 梁天瑞，赵云胜，胡东涛，等．基于博弈论-VIKOR 法的接触带巷道支护方案优选模型研究[J]. 化工矿物与加工，2019，48(07)：22-25，29.

[2] 黄莹，张贝，赵婧璇，等．佛山地铁 2 号线石梁站碗扣式模板支架施工安全性分析与评价[J]. 安全与环境工程，2018，25(06)：139-145，151.

[3] 张贝，徐克，赵云胜，等．危险化学品罐车泄漏事故伤害后果研究[J]. 安全与环境工程，2019，26(06)：128-136.

[4] 黄莹．涉氨制冷系统风险辨识和动态风险评价研究[D]. 武汉：中国地质大学，2019.

[5] 张贝．液氨罐车运输风险评估与控制研究[D]. 武汉：中国地质大学，2020.

[6] 王彪，刘见，徐厚友，等．工业企业动态安全风险评估模型在某炼钢厂安全风险管控中的应用[J]. 工业安全与环保，2020，46(4)：15-20.

[7] 王先华．钢铁企业重大风险辨识评估技术与管控体系研究[A]. 中国金属学会冶金安全与健康分会. 2019 年中国金属学会冶金安全与健康年会论文集[C]. 中国金属学会冶金安全与健康分会：中国金属学会，2019：3.

[8] 王先华，夏水国，王彪．企业重大风险辨识评估技术与管控体系研究[A]. 中国金属学会冶金安全与健康分会．2019 年中国金属学会冶金安全与健康年会论文集[C]. 中国金属学会冶金安全与健康分会：中国金属学会，2019：3.

[9] 宋思雨，徐克，尚迪，等．基于 Haddon 矩阵和 ISM 的人员密集场所踩踏事故风险分析[J]. 安全与环境工程，2019，26(05)：150-155.

[10] 宋思雨，徐克，张贝，等．基于 ISM 的有限空间作业中毒事故风险分析[J]. 安全与环境工程，2019，26(02)：140-144.

[11] 李欢．基于 AHP-熵权法的物元模型在机械企业安全风险评价中的应用研究[D]. 武汉：中国地质大学，2018.

[12] 郭颖．烟草加工场所粉尘爆炸风险分级研究[D]. 武汉：中国地质大学，2018.

[13] 史小棒．特种设备安全风险分级模型研究[D]. 武汉：中国地质大学，2019.

[14] 宋思雨．工贸行业有限空间作业安全风险评估与控制[D]. 武汉：中国地质大学，2020.

[15] 梁天瑞．汽车制造业涂装车间安全风险评估与管控研究[D]. 武汉：中国地质大学，2020.

[16] 张秀玲．基于 SEM-BN 的木地板加工车间粉尘爆炸风险评估[D]. 武汉：武汉科技大学，2020.

[17] 马洪舟．烟花爆竹生产企业爆炸事故风险评估及控制研究[D]. 武汉：中南财经政法大学，2020.

[18] 李刚．烟花爆竹经营行业风险预警与管控研究[D]. 武汉：中南财经政法大学，2019.

第八章

重大安全风险分级管控信息平台功能设计

为了遏制重特大事故，2016 年国家提出并推行风险等级管控、隐患排查治理双重预防工作机制。湖北省安全生产“十三五”规划中指出，建设安全生产重大风险防控体系，制定“五高”风险辨识分级标准和管控措施，形成全省“五高”风险数据库，绘制区域性、行业性以及企业安全风险等级分布电子图，对风险实行智能化预警，督促责任单位落实风险管控措施。

重大安全风险分级管控信息平台是对安全风险分级管控工作的有力落实，是安全风险分级管控工作中的重要部分，若不能将安全风险分级管控体系的工作内容融入信息系统中，不管是对于安全监管还是企业安全风险管控责任的落实，都不能发挥好安全风险管控工作的最大效用。重大安全风险分级管控信息平台是基于实际企业中安全风险管控体系的工作内容，从政府监管需求出发，结合现代化信息技术，集成各个模块的业务功能的综合化信息平台。

因此，从省级安全监管的需求出发，结合现有的安全生产信息平台现状，有必要建立重大安全风险分级管控信息平台。通过建立统一的安全风险数据采集标准，从业务应用出发的数据分析技术，构建非煤矿山、金属冶炼、烟花爆竹、危险化学品、工贸等重点行业的安全管控业务系统，实现“五高”风险数据的钻取溯源、风险点固有风险的自动分级与展示、企业安全风险的自动分级与展示、区域安全风险的自动分级与展示、各类风险的监测与预警、区域安全风险趋势推演等功能，从而实现对非煤矿山、危险化学品、烟花爆竹、工贸等行业重点企业的联网监测与远程巡察监管。

第一节　功能基本框架

建立“五高”风险管控信息平台，实现“五高”风险快速定位、风险趋势判断、风险快速预警及风险防控措施支撑等功能，包括企业风险值的自主评估、企业风险趋势图、企业设备标识定位、视频转码、区域热度图、区域风险趋势图、风险环比核对、风险预警信息发布等多种综合应用。同时，还可以将重大安全风险管控信息平台的系统功能集成到省安全生产综合信息平台，实现数据交换共享。基本框架如图 8-1 所示。

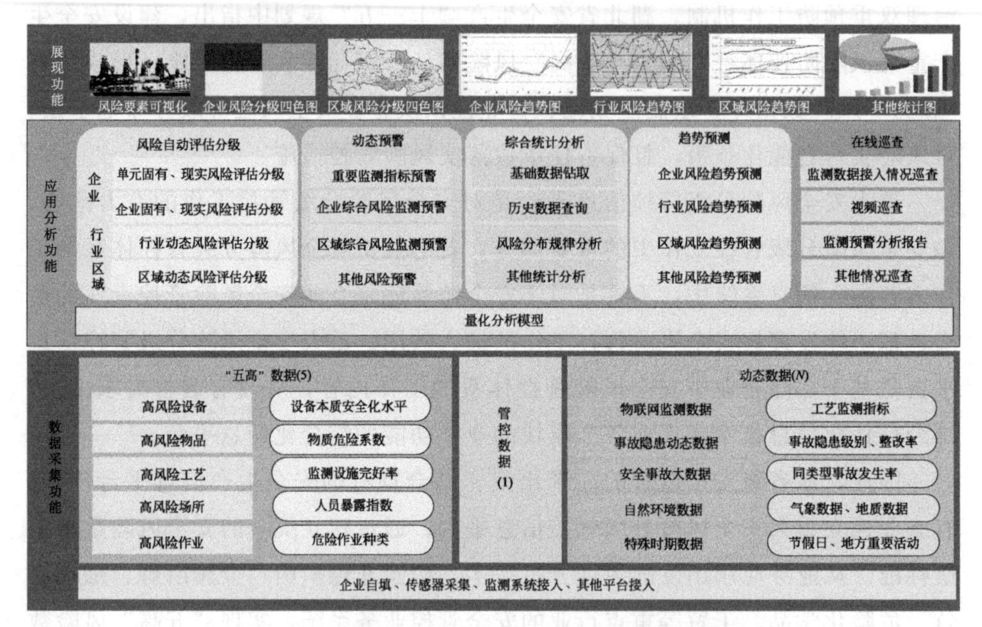

图 8-1 重大安全风险分级管控信息平台基本架构

第二节 "五高"风险基础数据、动态数据汇聚采集层功能

"五高"风险基础数据、动态数据汇聚采集层功能，见图 8-2。

① 企业能按类别（矿山、危险化学品、冶金、工贸、烟花爆竹等）进行数据填报，填写相应类别的"五高"风险辨识清单。

a. 企业详情：企业名称、企业类别、地址、坐标。

b. 单元风险点：序号、单元名称、区域位置、可能发生的事故类型及后果、现有风险控制措施、管控层级、责任单位、责任人、备注。

c. 单元"五高"辨识清单：高风险设备、高风险工艺、高风险场所、高风险物品、高风险作业。

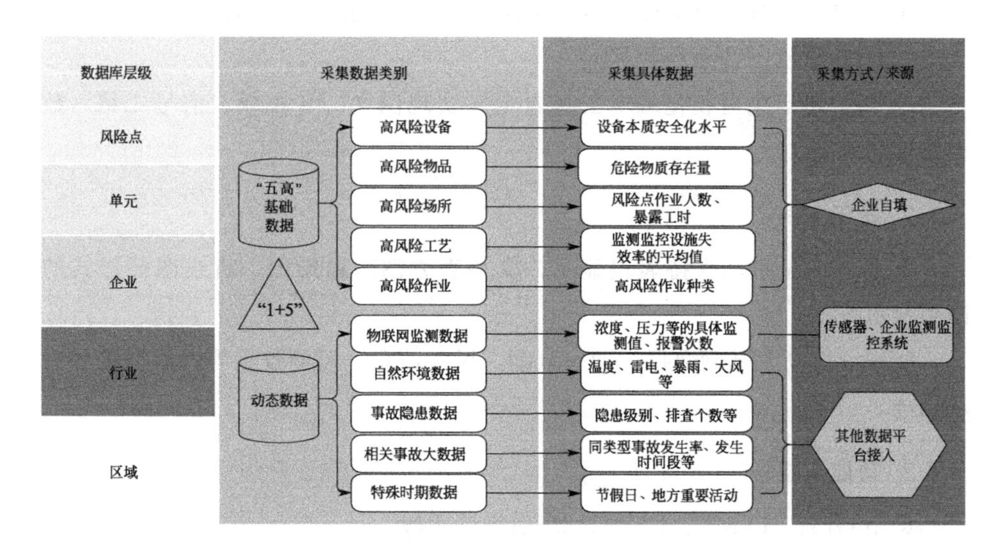

图 8-2 “五高”风险基础数据、动态数据汇聚采集层功能

② 将数据统一录入系统进行信息化管理，允许新增、删除单元或风险点。

③ 一键导出固有风险清单。

④ 建立单元动态指标数据采集表。

⑤ 企业安全监控系统采集动态数据：含物联网监测采集、大数据采集、视频音频采集、第三方平台接入等。

⑥ 企业安全监控系统运行状态检测。

⑦ 一键导出动态风险清单。

⑧ 预留事故隐患视频智能识别接口。

第三节 建立“五高”基础数据库和动态数据库

1. 功能概述

将各类基础数据、动态数据、监管数据等进行编码、治理并形成数据库。

① 存储与管理：存储服务器、文件服务器、数据库服务器。

② 风险监测预警系统数据库。

③ 用户可运用可视化编辑工具自定义实现图文、音视频、信号二编、数据图形化等。

2. 显示方式

支持 GIS 显示，支持表格显示，支持直方图、扇形图、折线图等形式的图形显示方式。

实现“五高”基础数据、动态数据、风险信息、监测数据等的数据综合展示功能。

3. 功能点描述

运用 GIS、HTML、Unity、3D 引擎等手段。

① 风险基础信息展示。

② 风险监测数据综合展示。

③ 逐级钻取和线上巡查等功能。

④ 能够实现各个企业数据显示。

⑤ 能够实现企业“五高”基础数据库和动态数据库中各项数据显示。

第四节　企业安全生产风险动态评估

1. 风险点固有危险指数评估

对单元内的各个单一风险点事故风险的固有危险进行评估和展示。

(1) 功能点描述

①“五高”对象的定位和钻取。

②“五高”要素数据的一键查询。

③ 风险点事故风险的固有危险指数的一键计算与自动更新计算。

④ 风险点事故风险的固有危险指数的自动分级。

⑤ 风险点事故风险的固有危险指数的分布规律（天、周、月、年）。

（2）显示方式　支持 GIS 显示，支持直方图、扇形图、折线图等形式的图形显示方式。

2. 单元安全生产风险评估

单元固有危险评估及单元动态风险的评估，即对单元若干个风险点固有危险的综合考量，以及影响因子下的单元动态风险的评估考量。

（1）功能点描述

① 单元固有危险的一键计算。

② 单元固有危险的自动分级。

③ 单元固有危险指数的分布规律（周、月、年）。

④ 单元动态风险的一键计算。

⑤ 单元动态风险的自动分级。

⑥ 单元动态风险的分布规律（天、周、月、年）。

⑦ 单元内事故风险点类型的基础统计。

⑧ 单元动态监测指标取值的一键查询。

（2）显示方式　支持 GIS 显示，支持直方图、扇形图、折线图等形式的图形显示方式。

3. 企业安全生产风险评估

企业安全生产风险的动态评估，即企业各单元风险值的综合考量，见图 8-3。

（1）功能点描述

① 企业安全生产风险的一键计算。

② 企业安全生产风险的自动分级。

③ 企业安全生产风险的分布规律（分、时、天、周、月、年）。

④ 企业的基础信息和分级钻取。

⑤ 企业事故类型统计。

（2）显示方式　支持 GIS 显示，支持直方图、扇形图、折线图等形式的图形显示方式。

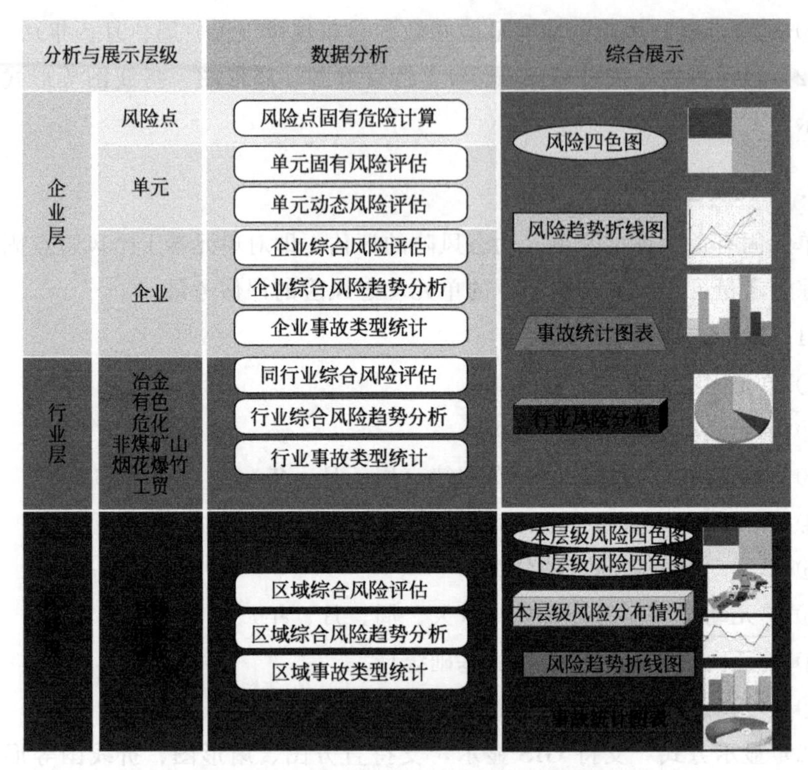

图 8-3　企业安全生产风险动态评估功能

第五节　行业安全生产风险动态评估

1. 行业安全生产风险评估的多功能查询

实现行业安全生产风险评估结果的多功能条件查询。

(1) 功能点描述

① 实现同一行业的安全生产风险评估实时结果查询。

设置非煤矿山行业、危险化学品行业、烟花爆竹行业、工贸行业四大行业查询板块，可实现分别对同一行业安全生产风险评估整体结果查询。

② 实现同一行业的不同时间段内安全生产风险评估结果查询。

③ 实现不同行业的安全生产风险评估实时结果查询，可实现对四大行业安全生产风险评估整体结果查询。

④ 实现同一行业的安全生产风险评估历史数据查询。

⑤ 实现不同行业的安全生产风险评估历史数据查询。

（2）显示方式

① 支持 GIS 显示。

② 支持表格显示。

③ 支持直方图显示。

④ 支持折线图等形式的图形显示。

⑤ 支持一键下载。

⑥ 支持数据和图表的导出。

2. 行业安全生产风险评估的多功能统计分析

能够自动组合监测数据，生成针对行业实时的或历史的数据，帮助管理人员通过数据分析行业安全生产风险数据的趋势。

功能点描述如下。

① 实现同一行业安全生产风险评估实时数据更新。

② 实现同一行业安全生产风险评估实时数据保存。

③ 实现不同行业安全生产风险评估实时数据更新。

④ 实现不同行业安全生产风险评估实时数据保存。

3. 基于地理信息的交互检索

基于地理信息的交互检索是一种检索应用界面，提供一种间接的条件检索，基于地理信息的交互检索的操作实际被转化为空间条件的检索，是条件检索的一个特例。

基于地理信息的交互检索模块提供给用户基于地图的可视化的图形界面，可选择检索条件和检索区域，可实现地图显示，支持用户在地图上按需要的区域任意检索，使用户能快捷直观地获取所需的资料。

功能点描述。对于行业的风险数据，能够实现：

① 地图显示。

② 图层控制。

③ 地图无级缩放。

④ 矩形框查询（经纬度范围查询）。

⑤ 地图点查询。

⑥ 提供数据等值线图，可以实现单时间节点等值线图形，时间段要素变化色斑图，并可以提供图形下载功能。

4. 行业安全生产风险评估的数据实时更新保存功能

基于企业动态安全风险评估功能，实现行业风险数据的实时更新保存。

功能点描述如下。

① 实现行业安全生产风险评估实时数据更新。

② 实现行业安全生产风险评估实时数据保存。

③ 实现行业安全生产风险评估实时数据查询。

④ 实现行业安全生产风险评估实时数据统计分析。

⑤ 实现行业安全生产风险评估实时数据查错、检验。

⑥ 实现行业安全生产风险评估实时数据下载。

第六节　区域安全生产风险动态评估

(1) 功能概述

区域安全生产风险动态评估指抽取区域内各行业风险指标，建立区域安全生产风险评估模型，结合承载体脆弱性、环境敏感性等影响因素，实现省、市、县三级区域风险耦合分析，动态构建风险云图，可视化展现区域风险指数。

(2) 功能点描述

① 区域风险耦合计算

a. 各级（省、市、县）区域风险计算。

b. 各级区域不同类型行业风险计算。

c. 各级区域专项领域（涉氨、粉爆、有限空间）风险计算。

② 区域风险自动分级

a. 各级（省、市、县）区域风险自动分级。

b. 各级区域不同类型行业风险自动分级。

c. 各级区域专项领域（涉氨、粉爆、有限空间）风险自动分级。

③ 区域风险等级分布情况

a. 各级（省、市、县）区域风险分布。

b. 各级区域不同类型行业风险分布。

c. 各级区域专项领域（涉氨、粉爆、有限空间）风险分布。

④ 提供全省、地级市、县区域选择功能。选择某一区域时，页面自动显示该区域的风险分布情况。

⑤ 可实现对多个区域的风险分布对比查询操作。

⑥ 实时数据查询。点击任一区域，将实时显示该区域的风险分布情况，如风险值大小、风险等级；可通过对所查询数据设置阈值方式（如设置风险值大于 100），页面自动显示该风险值对应区域。

⑦ 历史数据查询。可以查询过去某一时间段内的风险分布情况，同时图形和数据支持导出操作。

（3）显示方式

① 支持 GIS 显示。

② 支持表格显示。

③ 支持导出为文本格式。

④ 支持直方图、曲线图等多种形式的图形显示方式。

⑤ 图形采用“红、橙、黄、蓝”四种颜色代表四种风险等级。

第七节　安全生产风险智能预警

1. 功能需求

通过预警智能情景规则自组织等方法，形成安全生产风险预警信息，并实现预警信息精准推送。主要有风险预警信息自动生成、风险预警推送方案智能生成、风险预警信息一键推送等模块。

① 风险预警信息自动生成。通过数据比对、关联分析等方法，提取超阈值报警等异常监测数据，高等级风险数据等各类信息，自动生成风险预警信息。

② 风险预警推送方案智能生成。按照风险类型、风险等级、责任主体等维度，智能生成风险预警信息推送方案。

③ 风险预警信息一键推送。经人工确认后，一键式推送风险预警信息，保障风险预警信息快速、统一发布。

2. 实现需求

安全生产风险预警模块是将传感器数据、视频监控数据、终端设备数据等实时数据，结合时间、地理位置、历史数据等多种数据源进行统一整合，评估潜在安全风险，及时为用户提供灾害预警服务。该模块在整个平台启动时自动运行，进行实时监控。当发生灾害时，根据不同的预警级别，会进行不同层级的信息发布。用户计算机屏幕会弹出文字提示，同时也有语音提示，也可以选择短信提示等。

预警参数配置：提供用户自定义的交互界面。用户根据自身需求及所设定的预警等级范围进行相关参数的定义、修改及删除，如：一级预警值为 100、二级预警值为 50 等。

预警定义参数：预警级别、上限值、下限值、预警持续时间、预警说明。

3. 展现需求

(1) 固有危险指数预警

将风险点、单元观测数据显示出来并根据风险预警阈值进行预警。

① 功能点描述

a. 预警阈值由用户自定义。

b. 风险预警时可以观测到“五高”每个部分的风险值。

c. 不同的预警级别以不同的颜色进行展示。

d. 不同的预警级别信息发布的层级不同。

② 显示和报警方式

a. 支持语音预警。

b. 支持界面弹窗预警。

c. 支持短信预警。

d. 支持 GIS 显示、折线图等图形预警。

(2) 综合风险值预警

将固有风险指数与动态风险指数显示出来并根据风险预警阈值进行预警。

① 功能点描述

a. 预警阈值由用户自定义。

b. 风险预警时可以观测到动态指标、固有指标两个部分的风险值。

c. 不同的预警级别以不同的颜色进行展示。

d. 不同的预警级别信息发布的层级不同。

② 显示和报警方式

a. 支持语音预警。

b. 支持界面弹窗预警。

c. 支持短信预警。

d. 支持 GIS 显示、折线图等图形预警。

(3) 物联网监测指标预警

将物联网监测指标数据显示出来并根据风险预警阈值进行预警。

① 功能点描述

a. 预警阈值由用户自定义。

b. 风险预警时可以观测到物联网监测每个部分的风险值。

c. 不同的预警级别以不同的颜色进行展示。

d. 不同的预警级别信息发布的层级不同。

② 显示和报警方式

a. 支持语音预警。

b. 支持界面弹窗预警。

c. 支持短信预警。

d. 支持 GIS 显示、折线图等图形预警。

(4) 事故隐患指标预警

将事故隐患数据显示出来并根据风险预警阈值进行预警。

① 功能点描述

a. 预警阈值由用户自定义。

b. 不同的预警级别以不同的颜色进行展示。

c. 不同的预警级别信息发布的层级不同。

② 显示和报警方式

a. 支持语音预警。

b. 支持界面弹窗预警。

c. 支持短信预警。

d. 支持 GIS 显示、折线图等图形预警。

(5) 自然环境指标预警

与气象局发布的天气预警级别对应，根据风险预警阈值进行预警。

① 功能点描述

a. 预警阈值由用户自定义。

b. 风险预警时可以具体知晓环境指数。

c. 不同的预警级别以不同的颜色进行展示。

d. 不同的预警级别信息发布的层级不同。

② 显示和报警方式

a. 支持语音预警。

b. 支持界面弹窗预警。

c. 支持短信预警。

d. 支持 GIS 显示、折线图等图形预警。

(6) 相关大数据指标预警

其他企业发生事故时，可能发生同类型事故的企业自行进入预警状态。

① 功能点描述

a. 预警阈值由用户自定义。

b. 不同的预警级别以不同的颜色进行展示。

c. 不同的预警级别信息发布的层级不同。

② 显示和报警方式

a. 支持语音预警。

b. 支持界面弹窗预警。

c. 支持短信预警。

d. 支持 GIS 显示、折线图等图形预警。

（7）特殊时期指标预警

处于省级大型会议、活动时，自动进入预警状态。

① 功能点描述

a. 预警阈值由用户自定义。

b. 风险预警时可以查到会议活动的规模、时间、地点等信息。

c. 不同的预警级别以不同的颜色进行展示。

d. 不同的预警级别信息发布的层级不同。

② 显示和报警方式

a. 支持语音预警。

b. 支持界面弹窗预警。

c. 支持短信预警。

d. 支持 GIS 显示、折线图等图形预警。

第八节　安全生产风险趋势预测

企业风险趋势分析：建立不同规模、不同类别的企业安全生产风险趋势分析模型，结合企业安全生产各类风险监测数据、评估数据和隐患数据等，智能预测企业安全生产风险发展趋势。

行业、区域风险趋势推演：按照不同行业及自然环境特点，建立行业、区域安全生产风险趋势推演模型，结合行业、区域安全生产风险监测数据、评估数据和自然灾害监测预警数据等，智能推演行业、区域安全生产风险发展趋势。利用人工智能等技术，针对企业生产更新、行业发展趋势、区域发展规划等内外部环境变化，实现风险趋势预测模型体系的自适应进化。

第九节　总体建设总方案

1. 建设思路

重大安全风险分级管控信息平台建设方案采取整体设计、分步实施的建设思路。前期着手机房、视频会议室、通信网络等基础环境的部署和建设，后期侧重数据库系统、各应用系统以及标准体系系统的建设。

重大安全风险分级管控信息平台按照国家安全生产信息化工作的要求，以省级安全监管需求为导向，兼顾湖北省安全生产综合信息平台的战略部署，以现代化信息技术为基础，以数据为支撑，以应用为核心，全面深化信息化与安全监管业务的融合，为全面落实政府安全监管责任、提高安全生产综合治理能力提供信息技术支撑和保障。

2. 建设原则

重大安全风险分级管控信息平台应遵循如下原则。

（1）总体设计，分步实施

在开发建设重大安全风险分级管控信息平台前，对平台进行总体的规划和建设。按照分步实施、分步建设的思路，逐步推进各个模块的建设和互联互通。

（2）突出重点，注重效用

重大安全风险分级管控信息平台主要是为省级安全监管服务的，对日常监管中想不到和管不到的领域进行针对性设计，按照监测和预警相结合的思路，重点提高日常安全监管和溯源的能力。

（3）技术先进，可拓性强

按照国家安全生产信息化和省安全监管的要求，充分利用国内外先进的风险评估分级和监测预警等技术，充分采用现代化信息技术手段，充分考虑平台的易操作性和可扩展性，实现平台的技术先进、可拓性强的目标。

（4）标准规范，强化保障

遵循国家安全生产平台体系建设的相关标准规范以及省级相关要求，确保重大安全风险分级管控信息平台的建设符合相关标准规范；同时，平台建设、应用过程中，配套建立相关保障机制，以便更好达到平台建设符合标准规范要求的目标。

3. 总体架构设计

重大安全风险分级管控信息平台在统一体系结构、统一标准规范、统一安全认证以及统一运维基础上，由基础设施层、数据资源层、应用支撑层、应用服务层和综合展现层以及标准规范体系、安全运维保障体系组成，面向企业、市省级应急部门等单位及社会公众提供服务，其技术架构如图 8-4 所示。

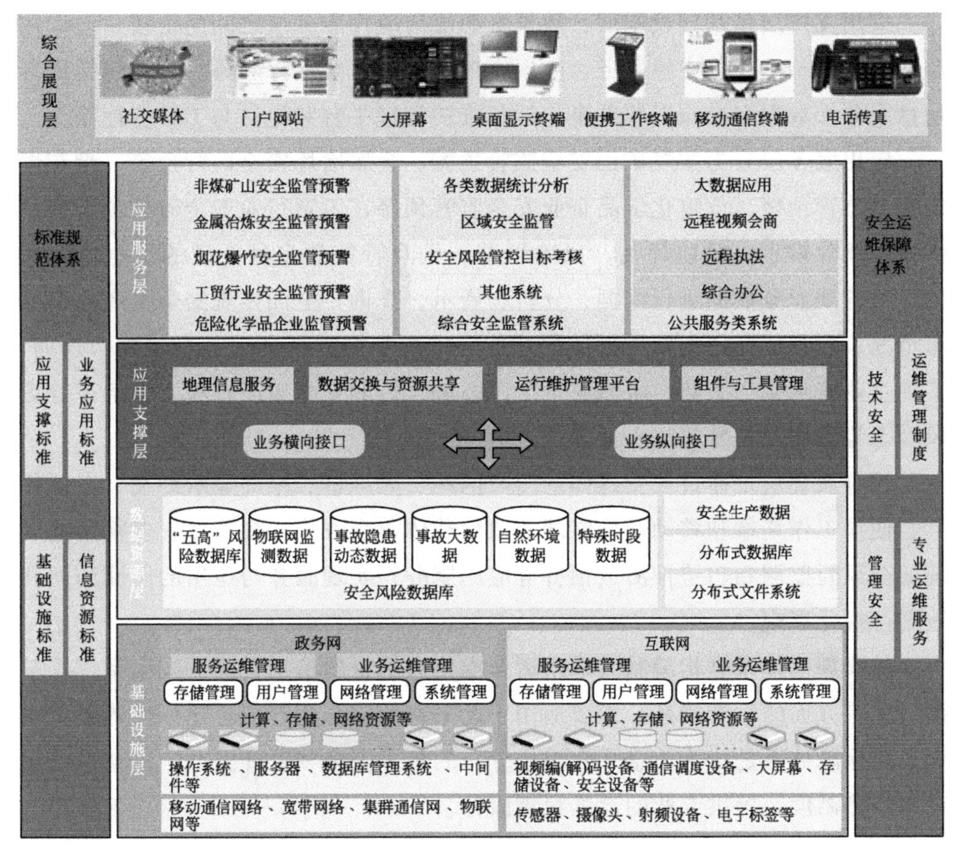

图 8-4　技术架构

基础设施层是信息系统运行的最基础的软硬件支撑环境。包括操作系统、服务器、数据库管理系统和中间件等。基础硬件包括机房、数据中心等基础场所，移动通信网络、宽带网络、集群通信网和物联网等网络设施，服务器、个人电脑、存储设备等设施，传感器、射频设备、电子标签摄像头和报警器等接入设备，视频编（解）码器、移动代理服务器、通信调度设备和大屏幕等多媒体设备。

数据资源层用于存储安全生产数据、业务数据，为数据共享交换等提供支撑。重大安全风险分级管控信息平台信息资源包括企业基础信息、安全管理数据、“五高”风险数据库、物联网监测数据、事故隐患数据、事故大数据、特殊时期数据、自然环境数据、统计决策数据、交换共享数据等信息。通过采集这些数据信息，形成安全生产数据库。

应用支撑层是基础设施层、数据资源层与应用服务层之间的衔接，向应用服务层提供基础业务支撑服务、数据支撑服务和运维支撑服务，具体包括地理信息服务、数据交换与资源共享、运行维护管理平台和组件与工具管理等。

应用服务层分为非煤矿山安全监管预警、金属冶炼安全监管预警、烟花爆竹安全监管预警、危险化学品企业安全监管预警、工贸行业安全监管预警。提供包含风险辨识、风险评估、风险预警、风险管控等多种类型的安全监管服务，对各项业务数据进行挖掘、分析、展示、查询，全面体现安全生产数据分布情况、建设情况，支持数据钻取功能，宏观掌握数据全貌、专项数据查询，实现企业安全生产态势、区域安全生产态势、行业安全生产态势、设备态势等风险态势预测与告警等核心业务。

综合展现层是通过社交媒体、门户网站、大屏幕、桌面显示终端、电话传真、便携工作终端和移动通信终端等通信载体，全方位、多维度、多视角地展现安全风险监测和趋势推演、预警等应用服务，实现服务与应用的便捷访问和数据可视化展现。

标准规范体系是指编制或采用适合本信息平台的信息资源、应用系统、基础设施等方面的标准规范，形成适用于此平台的安全生产信息化标准体系。安全运维保障体系是指为信息平台提供统一的技术安全和管理安全，建立系统运维的保障制度，提供专业的运维管理服务。

第九章

安全风险分级管控

第一节 安全风险管控模式

一、基于安全风险评估技术的风险管控模式

以安全风险辨识清单和“五高”风险辨识评估模型为基础，全面辨识和评估企业安全风险，建立安全风险“PDCA”闭环管控模式，构建源头辨识、分类管控、过程控制、持续改进、全员参与的安全风险管控体系，如图 9-1 所示。

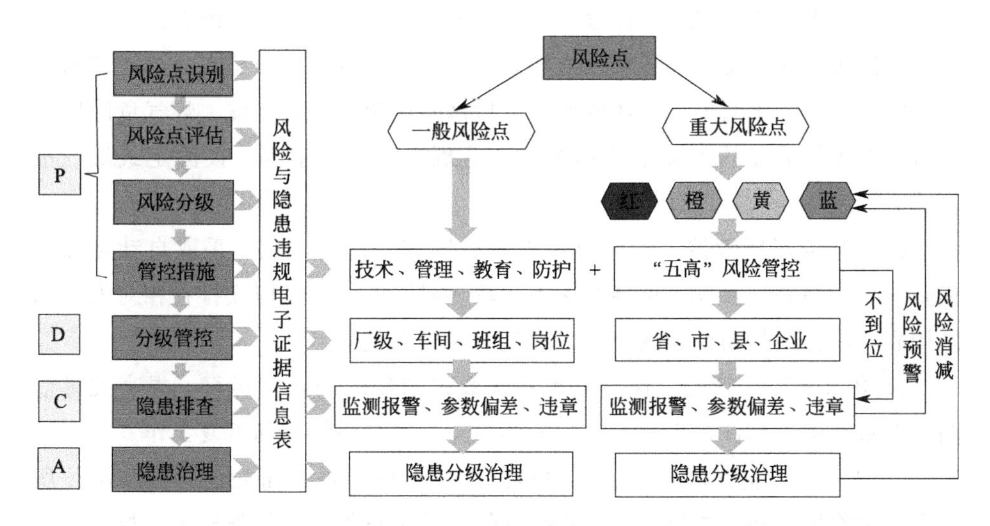

图 9-1 安全风险分级管控及隐患排查 PDCA 模式

① 以风险预控为核心，以隐患排查为基础，以违章违规电子证据监管为手段，建立“PDCA”闭环管理运行模式，依靠科学的考核评价机制推动其有效运行，制定风险防控措施，实施跟踪反馈，持续更新风险动态和防控流程。企业参照通用安全风险辨识清单，辨识出危险部位及关键岗位活动所涉及的潜在风险模式，做到危险场所全员知晓风险，采取与风险模式相对应的精准管控措施和隐患排查；监管部门实时获取企业“五高”现实风险动态变化，并参考

违章、隐患判定方法以及远程监控手段，以现有技术进行电子违章证据获取和隐患感知，有针对性地开展监管和执法，推动企业对风险管控的持续改进。前者需要在监管部门引导下由企业落实主体责任，后者需要在企业落实主体责任的基础上督导、监管和执法。有效解决风险“认不清、想不到、管不到”等问题。

② 实施风险分类管控，特别是重大风险，重点关注高风险工艺、设备、物品、场所和岗位等风险，突出重点场所、部位、作业、监测监控设施等管控。针对“五高”固有风险指标管控，企业从以下方面管控五个风险因子：

a. 高风险设备管控。企业对安全设施“三同时”管理，严格按设计和安全规程，采取提高本质安全化的措施。设计、施工必须符合国家法律法规和标准规范要求。建立完善设备设施检修维护制度。

b. 高风险物品管控。高温熔融物区域应保持干燥、严禁积水；避免敷设水管、能源介质管路；避免高炉、转炉、连铸等熔融金属设施自身的冷却水系统泄漏，应加强水温差及水压的监控，检修时避免残余水内漏。煤气危险区域及可能有煤气泄漏的人员常活动场所（值班室、休息室等）设固定式煤气报警器。

c. 高风险场所管控。企业应减少人员暴露在危险区域，采取自动化减人措施。对于检修、参观等可能积聚人员较多时段的活动，应安排在相对安全的区域和时段。加强高温熔融金属、煤气等风险的监测。

d. 高风险工艺管控。保障监控系统数据与传输的正常运行，提高关键监测动态数据的可靠性。出现故障的应尽快完成安全在线监测恢复工作。

e. 高风险作业管控。对于关键岗位作业人员，要熟知关键部位和岗位所涉及的风险模式和管控措施，严格按操作规范进行作业。加强施工、检修、危险作业的管控。

③ 提高企业安全标准化管理水平。基于安全生产标准化要素加强风险管控。建立隐患和违章智能识别系统，加强隐患排查和上报，特别是对重大隐患，并安排专人对实时标准化分数进行扣减，准确反映企业的实时风险管控水平。

④ 强化风险动态管控。依据动态预警信息、基础动态管理信息、地质灾害、特殊时期等有关资料及时做出应对措施，降低动态风险。提高风险动态指

标数据的实时性和有效性，避免数据失真。建立统一的关键动态监测指标预警标准。严格按照预警标准控制运行参数。建立基础信息定期更新制度。运行技术参数发生变化，企业应及时报送更新。构建大数据支撑平台，加强气象、地质灾害的信息联动；及时关注近期同类项目的安全事故信息，加强对类似风险模式的管控。

⑤ 加强企业风险和隐患主动反馈与治理，落实安全生产主体责任，持续改进，主动采取措施降低风险。

鉴于此，提出了从通用风险辨识管控、重大风险管控、单元高危风险管控和动态风险管控四个方面实现金属冶炼行业风险分类管控，如图 9-2 所示。

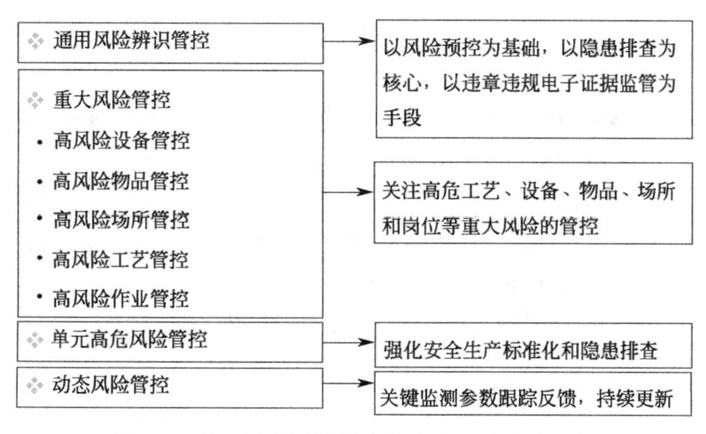

图 9-2　基于风险评估技术的安全风险分类管控

二、风险一张图与智能监测系统

1. 风险一张图

为更好地实现动态风险评估、摸清危险源本底数据、搞清危险源状况，提出安全风险“一张图”全域监管。宏观层面上，“一张图”全域监管是为危险源的形势分析、风险管控、隐患排查、辅助决策、交换共享和公共服务提供数据支撑所必需的政策法规、体制机制、技术标准和应用服务的总和[1-3]；微观层面上，其基于地理信息框架，采用云技术、网络技术、无线通信等数据交换手段，按照不同的监管、应用和服务要求将各类数据整合到统一的地图上，并与行政区划数据进行叠加，绘制省、市、县以及企业安全风险和重大事故隐患分布电子图，共同构建统一的综合监管平台，实现风险源的动态监管，是全面展示危险源现状的"电子挂图"。

安全风险"一张图"全域监管体系由1个集成平台、2条数据主线、3个核心数据库构成，详细架构见图9-3。"1个集成平台"，即地理信息系统集成平台，归集、汇总、展示全域所有的企业安全生产信息、安全政务信息、公共服务信息等；"2条数据主线"，即基于地理信息数据的风险分级管控数据流和隐患排查治理数据流；"3个核心数据库"，即安全管理基础数据库、安全监管监察数据库和公共服务数据库。

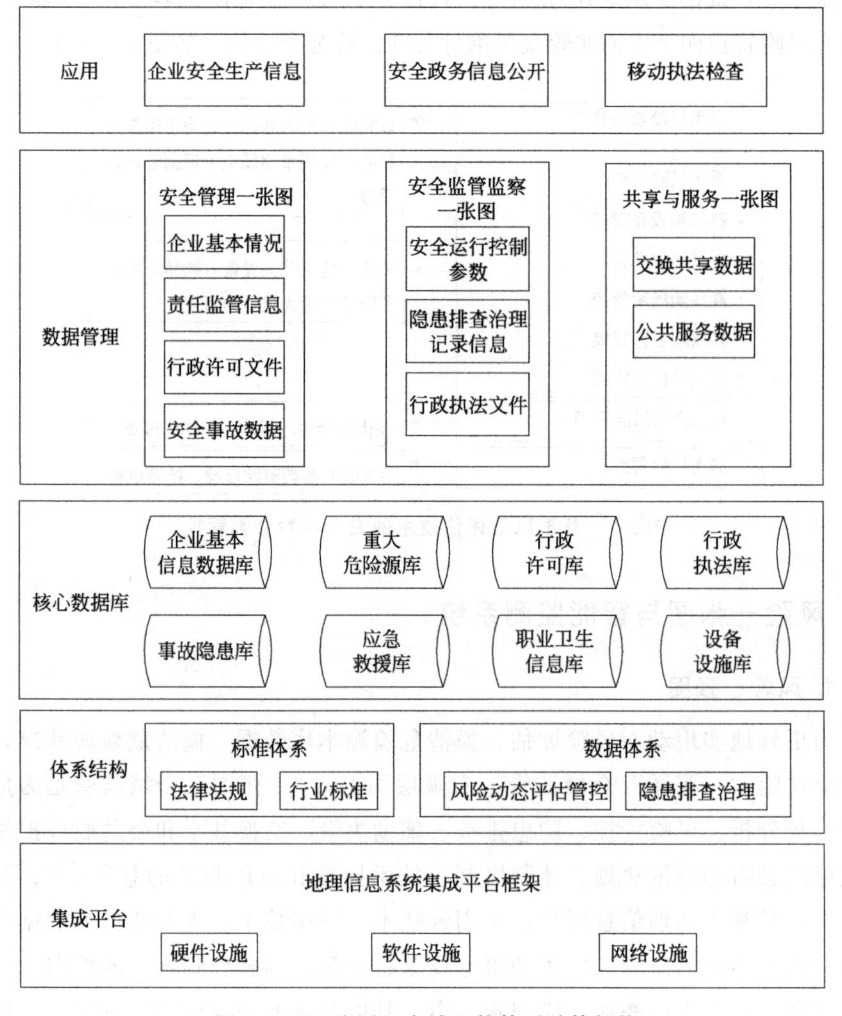

图9-3 "一张图"全域监管体系总体架构

2. 智能监测系统

（1）数据标准体系建立

按照“业务导向、面向应用、易于扩展、实用性强、便于推行”的思路建立数据标准体系。参考现有标准制定数据标准既可规范数据生产的质量，又可提高数据的规范性和标准性，从而奠定“一张图”建设的基础。

（2）有机数据体系建立

数据体系建设应包括全层次、全方位和全流程，从天地一体化数据采集与风险源的风险管控、隐患排查治理与安全执法所产生的两大数据主线入手，确保建立危险源全方位数据集，具体包括基础测绘地理信息数据、企业基本信息数据、风险源空间与属性信息数据、风险源生产运行安全关键控制参数、危险源周边环境高分辨率等对地观测系统智能化检测数据、监管监察业务数据、安全生产辅助决策数据和交换共享数据等。

（3）核心数据库建立

以“一数一源、一源多用”为主导，建立科学有效的“一张图”核心数据库，其实质是加强风险源的相关数据管理，规范数据生产、更新和利用工作，提高数据的应用水平，建立覆盖企业全生命周期的一体化数据管理体系。

（4）安全管理基础数据库

安全管理基础数据库是“一张图”全域监管核心数据库建立的空间定位基础，基础地理信息将管控目标在空间上统一起来。其主要包括企业基本信息子库和时空地理信息子库，企业基本信息子库包含企业基本情况、责任监管信息、标准化、行政许可文件、应急资源、生产安全事故等数据；时空地理信息子库包含基础地形数据、大地测量数据、行政区划数据、高分辨率对地观测数据、三维激光扫描数据等。

（5）安全监管监察数据库

安全监管监察数据库主要包括风险分级管控子库和隐患排查治理子库。风险分级管控子库包括风险源生产运行安全控制关键参数、统计分析时间序列关键参数，进行动态风险评估，为智能化决策提供数据支撑。隐患排查治理子库包括隐患排查、登记、评估、报告、监控、治理、销账 7 个环节的记录信息，加强安全生产周期性、关联性等特征分析，做到来源可查、去向可追溯、责任可究、规律可循。

(6) 共享与服务数据库

共享与服务数据库主要包括交换共享子库和公共服务子库。交换共享子库包括指标控制、协同办公、联合执法、事故调查、协同应急、诚信等数据；公共服务子库包括信息公开、信息查询、建言献策、警示教育、举报投诉、舆情监测预警发布、宣传培训、诚信信息等数据。

纵向横向整合全省资源，实现信息共享。在“一张图”里囊括湖北省内主要风险源和防护目标，涵盖主要救援力量和保障力量。一旦发生灾害事故，点开这张图，1 分钟内可以查找出事故发生地周边有多少危险源、应急资源和防护目标，可以快速评估救援风险，快速调集救援保障力量投入到应急救援中去，让风险防范、救援指挥看得见、听得见、能指挥，为应急救援装上“智慧大脑”，实现科学、高效、协同、优化的智能应急。

根据应急响应等级，以事发地为中心，对周边应急物资、救援力量、重点保护设施及危险源等进行智能化精确分析研判，结合相应预案科学分类生成应急处置方案，系统化精细响应预警。同时对参与事件处置的相关人员、涉及避险转移相关场所，基于可视化精准指挥调度，实现高效快速处置突发事件。同时，基于风险“一张图”，可分区域分类别快速评估救援能力，为准确评估区域、灾种救援能力、保障能力奠定了基础；另外，还实现了主要风险、主要救援力量、保障力量的一张图部署和数据的统一管理，解决了资源碎片化管理、风险单一化防范的问题，有效保障了数据的安全性。

第二节 政府监管

一、监管分级

根据风险分级模型计算得到风险值，基于 ALARP 原则，对监管对象的风险进行风险分级，分别为：重大、较大、一般和低风险四级[4-9]。结合科学、合理的“匹配监管原理”，即应以相应级别的风险对象实行相应级别的监管措施，如对重大风险级别风险的监管对象实施高级别的监管措施，如此分级类推，见表 9-1。

表 9-1　风险分级与风险水平相应的匹配监管原理

风险等级	风险状态/监管对策和措施	监管级别及状态			
		重大风险	较大风险	一般风险	低风险
Ⅰ级(重大风险)	不可接受风险:重大级别监管措施;一级预警:强力监管;全面检查:否决制等	合理 可接受	不合理 不可接受	不合理 不可接受	不合理 不可接受
Ⅱ级(较大风险)	不期望风险:较大风险监管措施;二级预警:较强监管;高频率检查	不合理 可接受	合理 可接受	不合理 不可接受	不合理 不可接受
Ⅲ级(一般风险)	有限接受风险:一般风险监管措施;三级预警:正常监管;局部限制:有限检查、警告策略等	不合理 可接受	不合理 可接受	合理 可接受	不合理 不可接受
Ⅳ级(低风险)	可接受风险:可忽略;四级预警:弱化监管;关注策略:随机检查等	不合理 可接受	不合理 可接受	不合理 可接受	合理 可接受

ALARP 原则：任何对象、系统都是存在风险的，不可能通过采取预防措施、改善措施做到完全消除风险；而且，随着系统风险水平的降低，要进一步降低风险的难度就越高，投入的成本往往呈指数曲线上升。根据安全经济学的理论，也可这样说，安全改进措施投资的边际效益递减，最终趋于零，甚至为负值。

如果风险等级落在了可接受标准的上限值与不可接受标准的下限值内，即所谓的“风险最低合理可行”区域内，依据“风险处在最合理状态”的原则，处在此范围内的风险可考虑采取适当的改进措施来降低风险。

各级安全监管部门应结合自身监管力量，针对不同风险级别的企业制定科学合理的执法检查计划，并在执法检查频次、执法检查重点等方面体现差异化，同时鼓励企业强化自我管理，提升企业的安全管理水平，推动企业改善安全生产条件，采取有效的风险控制措施，努力降低安全生产风险。企业可根据风险分级情况，调整管理决策思路，促进安全生产。

二、精准监管

基于智能监控系统的建设，可进一步完善风险信息化基础设施，为相关部门防范风险提供信息和技术支持[10]。基于智能监控系统可以实现远程风险预警、远程处理监管、监督生产过程、日常隐患巡查等防控监管，有效提高工作效率，从而降低了人力成本、时间成本，提高了经济效益。根据风险评估分级、监测预警等级，各级应急管理部门分级负责预警监督、警示通报、现场核查、监督执法等工作，针对省、市、区县三级部门提出以下对策。

1. 区县级管理部门

① 督促企业结合安全管理组织体系，将各级安全管理人员的姓名、部门、职务、邮箱、手机和电话等信息录入在线安全监测系统平台。在线安全监测系统应按照管理权限要求，将预警信息实时自动反馈给各级安全管理人员。

② 应定期检查隐患，并依据隐患违规电子取证输入系统，对由在线监测监控智能识别出的隐患，要及时监督企业进行处置；企业对隐患整改处理完成后，区县应急管理部门要对隐患整改情况进行核查，并清除安全风险计算模型中的相关隐患数据；当企业的监测监控系统出现失效问题时，要监督企业修复；支持对消防基础设施的数量、空间位置分布、实时状态等信息进行监测和可视化管理；并可集成各传感器监测数据，对安全相关的关键信号进行实时监测，对异常状态进行实时报警，提升管理者对基础设施的运维管理效率。

③ 出现黄色、橙色、红色预警时，区县级应急管理部门在限定时间内响应，指导并监督企业对照风险清单信息表和隐患排查表核查原因，采取相应的管控措施排除隐患。信息反馈采用在线安全监测系统信息发布、手机短信、邮件、声音报警等方式告知相应部门和人员，黄色和红色预警信息应立即用电话方式告知相应部门和人员，应送达书面报告，并及时上报上级应急管理部门。

④ 预警事件得到处置且运行正常，在线安全监测系统应解除预警。

2. 市级监管部门

地方各级人民政府要进一步建立完善安全风险分级监管机制，明确监管责任主体。

① 实现管辖区域内企业、人员、车辆、重点项目、危险源、应急事件的全面监控，并结合公安、工商、交通、消防、医疗等多部门实时数据，辅助应急部门综合掌控安全生产态势。

② 支持与危险源登记备案系统、视频监控系统、企业监测监控系统等深度集成，对重大危险源企业进行实时可视化监控。集成视频监控、环境监控以及其他传感器实时上传的数据，实时可视化监测，提升应急部门对重大危险源

的监测监管力度。对重点防护目标的实时状态进行监测，为突发情况下应急救援提供支持。

③ 基于地理信息系统，对辖区内监管企业的数量、地理空间分布、规模等信息进行可视化监管。整合辖区内各区县应急管理部门现有信息系统的数据资源，覆盖日常监测监管、应急指挥调度等多个业务领域，实现数据融合、数据显示、数据分析、数据监测等多种功能，应用于应急监测指挥、分析研判、展示汇报等场景。可提供点选、圈选等多种交互查询方式，在地图上查找具体企业名称、联系人、资质证书情况、特种设备情况、安全评价情况、危险源情况等详细信息，实现“一企一档”查询。

④ 支持对辖区内重点企业的数量、分布、综合安全态势进行实时监测；并可对具体单位周边环境、建筑外观和内部详细结构进行三维显示，支持集成视频监控、电子巡更等系统数据，对企业实时安全状态进行监测，辅助企业和区县级应急管理部门精确有力掌控企业风险部位。

⑤ 市级应急管理部门应统筹全市范围内的企业风险。当出现橙色、红色预警时，市级监管部门立即针对相关企业提出相应的指导意见和管控建议，企业必须立即整顿。

3. 省级监管部门

① 各省级人民政府负责落实健全完善防范化解企业安全风险的责任体系。

② 建立突发事件应急预案，并可将预案的相关要素及指挥过程进行可视化部署，支持对救援力量部署、行动路线、处置流程等进行动态展现和推演，以增强指挥作战人员的应急处置能力和响应效率。

③ 支持集成视频会议、远程监控、图像传输等应用系统或功能接口，可实现一键直呼、协同调度多方救援资源，强化应急部门扁平化指挥调度的能力，提升处置突发事件的效率。

④ 支持对应急管理部门既有事故灾害数据提供多种可视化分析、交互手段进行多维度分析研判，支持与应急管理细分领域的专业分析算法和数据模型相结合，助力挖掘数据规律和价值，提升管理部门应急指挥决策的能力和效率。

⑤ 兼容现行的各类数据源数据、地理信息数据、业务系统数据、视频监控数据等，支持各类人工智能模型算法接入，实现跨业务系统信息的融合显

示，为应急部门决策研判提供全面、客观的数据支持和依据。统筹区域性风险，整体把控相关区域内的风险，组织专家定期进行远程视频隐患会诊；对安全在线监测指标和安全风险出现红色预警的企业进行在线指导等。

⑥ 支持基于时间、空间、数据等多个维度，依据阈值告警触发规则，并集成各检测系统数据，自动监控各类风险的发展态势，进行可视化自动报警，如当一周内连续两次出现红色预警，必须责令相关企业限期整改。

⑦ 支持整合应急、交通、公安、医疗等多部门数据，可实时监测救援队伍、车辆、物资、装备等应急保障资源的部署情况以及应急避难场所的分布情况，为突发情况下指挥人员进行大规模应急资源管理和调配提供支持。智能化筛选查看应急事件发生地周边监控视频、应急资源，方便指挥人员进行判定和分析，为突发事件处置提供决策支持。

⑧ 支持与主流舆情信息采集系统集成，对来自网络和社会上的舆情信息进行实时监测告警，支持舆情发展态势可视分析、舆情事件可视化溯源分析、传播路径可视分析等，帮助应急部门及时掌握舆情态势，以提升管理者对网络舆情的监测力度和响应效率。在出现红色报警信息后，迅速核实基层监管部门是否对相关隐患风险进行处置监管，根据隐患整改情况执行相应的措施。

三、远程执法

对企业现场引入远程视频监控管理系统，利用现代科技，优化监控手段，实现实时、全过程、不间断监管，不仅可有效杜绝管理人员的脱岗失位和操作工人的偷工减料，也为处理质量事故纠纷提供一手资料，同时也可以在此基础上建立曝光平台，增强质量监督管理的威慑力[11, 12]。

(1) 监督模式

系统根据现场实地需求灵活配置，并有可移动视录装备配合使用，现场条件限制小，与企业管理平台和执法监督部门网络终端相连接，现场图像清晰且能稳定实时上传并在有效期内保存，便于执法监督人员实时查看和回放，可有效提高监督执法人员工作效率，并实现全过程监管。无线视频监控系统本身的优势决定着其在竞争日益激烈、管理日趋规范的市场中将更多地被采用，在政府监管部门和企业的日常管理中将起到日益重要的作用。

（2）远程管理

借助网络实现在线管理，通过语音、文字实时通信系统与企业、现场的管理人员在线交流，及时发现问题并整改。通过远程实时监控掌握工程进度，合理安排质监计划，使监管更具实效性与针对性，有助于提高风险管理水平，并实现预防管控。

（3）远程监督

监控系统能够直观发现企业风险现场的质量问题，节约处理时间，使风险问题能够高效率解决。对于一些现场复杂、工艺参数烦琐的企业，可邀请相关技术专家通过远程网络指导系统及时解答现场中出现的问题，对风险管控难点或不妥之处进行及时沟通与协调。

第三节　企业风险管控

一、企业分级分类管控

（1）风险辨识分级

根据确定的风险辨识与防控清单，进行重大风险辨识分级，要充分考虑到高风险工艺、设备、物品、场所和作业等的辨识，分为重大风险、较大风险、一般风险、低风险四级，分别对应公司、厂、车间、班级四个级别进行管控，且管控清单同时报上级机构备案。其中，分级管控的风险源发生变化相应机构或单位监控能力无法满足要求时，应及时向上一级机构或主管部门报告，并重新评估、确定风险源等级。

（2）分类监管

按照部门业务和职责分工，将本级确定的风险源按行业、专业进行管控，明确监管主体，同时由监管主体部门或单位确定内部负责人，做到主体明确，责任到人。

（3）分级管控

依据风险源辨识结果，分级制定风险管控措施清单和责任清单。清单应包括风险源（点）名称、风险部位、风险类别、风险等级、管控措施与依据等内容。

（4）岗位风险管控

结合岗位应急处置卡，完善风险告知内容，主要包括岗位安全操作要点、主要安全风险、可能引发的事故类别、管控措施及应急处置等内容，便于职工随时进行安全风险确认，指导员工安全规范操作。

（5）预警响应

应建立预警监测制度并制定预警监测工作方案。预警监测工作方案包括对关键环节的现场检查和重点部位的场所监测，主要明确预警监测点位布设、监测频次、监测因子、监测方法、预警信息核实方法以及相关工作责任人等内容。

（6）风险管理档案

应按照全生命周期管理要求，重点涵盖企业风险评估文件及相关批复文件、设计文件、竣工验收文件、安全评价文件、风险评估、隐患排查、应急预案、管理制度文件、日常运行台账等。

二、风险智慧监测监控

（1）监控一体化

依照相关标准规范建立全方位立体监控网络，对重大危险源、重点监管的化工工艺等进行监控，构建监控一体化智能监控管理平台。

（2）资源共享化

对跨平台的企业基础数据、气象部门数据、地质灾害部门数据及其他风险信息资源实现共享和科学评价，能通过模型和评价体系解决重点问题。

（3）决策智能化

随时了解实时的企业生产状况，对某个关键岗位或部位、作业的风险进行预测预报，及时处理。

三、风险精准管控

（1）风险点管理分工

单元风险点应进行分级管理。根据危险严重程度或风险等级分为 A、B、

C、D级或Ⅰ级、Ⅱ级、Ⅲ级、Ⅳ级（A：Ⅰ为最严重，D：Ⅳ为最轻，各单位可按照自己的情况进行分级）。

A级风险点由公司、厂、车间、班组四级对其实施管理，B级风险点由厂、车间、班组三级对其实施管理，C级风险点由车间、班组二级对其实施管理，D级风险点由班组对其实施管理[13]，如图9-4所示。

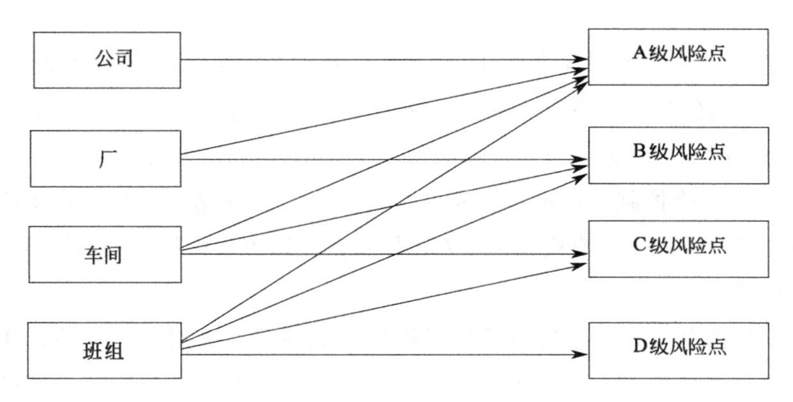

图9-4　风险点管理分工示意图

（2）检查、监督部门

各级风险点对应责任人及检查部门、监督部门见表9-2。

表9-2　各级风险点对应责任人及检查、监督部门

管理机构	责任人	检查部门	监督部门
公司	A级——经理	相关职能处室	安全
厂	A、B级——厂长	相关职能处室	安全
车间	A、B、C级——车间主任	车间	生产
班组	A、B、C、D级——班长	有关岗位	安全员

（3）风险点日常管理措施

① 制定并完善风险控制对策。风险控制对策一般在风险源辨识清单中记载。为了保证风险点辨识所提对策的针对性和可操作性，有必要通过作业班组风险预知活动对其补充、完善。此外，还应以经过补充、完善的风险控制对策为依据对操作规程、作业标准中与之相冲突的内容进行修改或补充完善[14]。

② 树立“危险控制点警示牌”。“风险控制点警示牌”应牢固树立（或悬挂）在风险控制点现场醒目处。

“风险控制点警示牌”应标明风险源管理级别、各级有关责任单位及责任人、主要控制措施。

为了保证“风险控制点警示牌”的警示效果和美观，最好对警示牌的材质、大小、颜色、字体等做出统一规定。警示牌一般采用钢板制作，底色采用黄色或白色，A、B、C、D级风险源的风险控制点警示牌分别用不同颜色字体书写。

③ 制定“风险控制点检查表”（对检修单位为“开工准备检查表”）。风险点辨识材料经验收合格后应按计划分步骤地制定风险控制点检查表，以便基于该检查表的实施掌握有关动态危险信息，为隐患整改提供依据。

④ 按“风险控制点检查表”实施检查。检查所获结果使用隐患上报单逐级上报。各有关责任人或检查部门对不同级别风险点实施检查的周期按单位相关制度执行。

对于检修单位，应于进行检修或维护作业前对作业对象、环境、工具等进行一次彻底的检查，对本单位无力整改的问题同时应用隐患上报单逐级上报。

公司安全管理部门应保证每年对公司所有A、B级风险点至少抽查一次。

对尚未进行彻底整改的危险因素，本着“谁主管、谁负责”的原则，由风险源所属的管理部门牵头制定措施，保证不被触发引起事故。

（4）有关责任人职责

企业法定代表人和实际控制人同为本企业防范化解安全风险第一责任人，对防范化解安全风险工作全面负责。要配备专业技术人员进行管理，实行全员安全生产责任制度，强化各职能部门安全生产职责，落实一岗双责，按职责分工对防范化解安全风险工作承担相应责任。

① 公司经理职责。组织领导开展本系统的风险点分级控制管理，检查风险点管理办法及有关控制措施的落实情况。

督促所主管的单位或部门对A级风险点进行检查，并对所查出的隐患实施控制。同时，了解全公司A级风险点的分布状况及带普遍性的重大缺陷状况。

审阅和批示有关单位报送的风险点隐患清单表，并督促或组织对其及时进行整改。

对全公司A级风险点漏检或失控及由此而引起的重伤及以上事故承担

责任。

② 厂长职责。负责组织本厂开展风险点分级控制管理，督促管理部和相关部门落实风险点管理办法及有关控制措施。

对本企业A级、B级风险点进行检查，并了解车间风险点的分布状况和重大缺陷状况。

督促车间及检查部门严格对A、B级风险点进行检查。

审阅并批示报送的风险点隐患清单表，督促或组织有关车间或部门及时对有关隐患进行整改。对于本厂确实无力整改的隐患应及时上报公司，并检查落实有效临时措施并有效落实。

对公司A级和B级风险点失控或漏检及由此而引起的重伤及以上事故承担责任。

③ 车间主任职责。负责组织本车间开展风险点分级控制管理，落实风险源管理办法与有关措施。

对本车间A、B、C级风险点进行检查，并了解管理车间风险点的分布状况和重大缺陷状况。

督促所属班组严格对各级风险点进行检查。

及时审阅并批示班组报送的风险点隐患清单表，对所上报的隐患在当天组织整改。车间确实无力整改的隐患，应立即向厂安全部报告，并采取有效临时措施并有效落实。

对车间A、B、C级风险点漏检或失控及由此而引起的轻伤及以上事故承担责任。

④ 班长职责。负责班组风险点的控制管理，熟悉各风险点控制的内容，督促各岗位（包括本人）每班对各级风险点进行检查。

对班组查出的隐患当班进行整改，确实无力整改的应立即上报管理部，同时立即采取措施并有效落实。

对班组因风险点漏检及隐患整改或信息反馈方面出现的失误及由此而引起的各类事故承担责任。

⑤ 岗位操作人员职责。熟悉本岗位作业有关风险点的检查控制内容，当班检查控制情况，杜绝弄虚作假现象。

发现隐患应立即上报班长，并协助整改，若不能及时整改，则应采取临时措施避免事故发生。

对因本人在风险点检查、信息反馈、隐患整改、采取临时措施等方面延误或弄虚作假，造成风险点失控或由此而发生的各类事故承担责任。

（5）其他有关职能部门职责

① 安全部门职责。督促本单位开展风险点分级控制管理，制定实施管理办法，负责综合管理。

负责组织本单位对相应级别风险点危险因素的系统分析，推行控制技术，不断落实、深化、完善风险点的控制管理。

分级负责组织风险点辨识结果的验收与升级、降级及撤点、销号审查。

坚持按期深入现场检查本级风险点的控制情况。

负责风险控制点的信息管理。

负责定期填报风险点隐患清单表。

督促检查各级对查出或报来隐患的处理情况，及时向领导提出报告。

对风险点失控而引发的相应级别伤亡事故，认真调查分析，按相关规定查清责任并及时报告领导。

负责按相关规定的内容进行风险点管理状况考核。

对因本部门工作失职或延误，造成风险点漏检或失控及由此而引发的相应级别工伤事故承担责任。

② 公司其他有关职能处、室职责。参与 A、B 级风险点辨识结果的审查，并在本部门的职权范围内组织实施。

负责对本部门分管的风险点定期进行检查。

按《安全生产责任制度》的职责，对公司无力整改的风险点缺陷或隐患接到报告后 24 小时内安排处理。

对因本部门工作延误，使风险点失控或由此而发生死亡及以上事故承担责任。

（6）考核

因风险点漏检或失控而导致事故，按公司有关工伤事故管理制度有关规定从严处理。

风险点隐患未及时整改且未采取有效临时措施的，按公司有关安全生产经济责任制考核。

各级、各职能部门未按职责进行检查和管理，对本职责范围内有关隐患未按时处理，按公司经济责任制扣奖。

不按时报送风险点隐患清单表，按季度考核。

通过各种措施改造工艺或提高防护、防范措施水平，消除或减少了风险点的危险因素，经确认后酌情予以奖励。

（7）预警响应

企业应建立预警监测制度并制定预警监测工作方案。预警监测工作方案包括对关键环节的现场检查和重点部位的场所监测，主要明确预警监测点位布设、监测频次、监测因子、监测方法、预警信息核实方法以及相关工作责任人等内容。

（8）风险管理档案

风险档案管理应按照全生命周期管理要求，建立档案管理体系，重点涵盖风险评估文件及相关批复文件、设计文件、竣工验收文件、安全生产评价文件、稳定性评估、风险评估、隐患排查、应急预案、管理制度文件、日常运行台账等。

参考文献

［1］ 柯丽华，陈杰．地下矿山避难硐室的建设现状及问题研究[J]．中国矿业，2014，23(07):139-143.

［2］ 朱龙洁，叶义成，柯丽华，等．基于激励理论的我国非煤矿山安全检查激励方式探讨[J]．安全与环境工程，2015，22(02):79-83.

［3］ 张浩，赵云胜，李向．基于物联网的尾矿库监测方法应用研究——以黄麦岭磷化工尾矿库为例[J]．安全与环境工程，2015，22(06):143-150.

［4］ Haynes A B，Weiser T G，Berry W R，et al. A surgical safety checklist to reduce morbidity and mortality in a global population[J]. New England journal of medicine，2009，360(5)：491-499.

［5］ Baybutt P. The ALARP principle in process safety[J]. Process Safety Progress，2014，33(1)：36-40.

［6］ Nesticò A，He S，De Mare G，et al. The ALARP principle in the Cost-Benefit analysis for the acceptability of investment risk[J]. Sustainability，2018，10(12)：4668.

［7］ 李欣欣．构建企业安全风险分级管控和隐患排查治理双重预防体系[J]．化工管理，2021，(08)：100-101.

［8］ Li W，Ye Y，Wang Q，et al. Fuzzy risk prediction of roof fall and rib spalling：based on FFTA DFCE and risk matrix methods environmental science and pollution research[J]. Environmental Science and Pollution Research. 2019，27(8):8535-8547.

[9] 柯丽华，黄畅畅，李全明，等．基于集对可拓耦合算法的尾矿库安全综合评价[J]. 中国安全生产科学技术，2020，16(06)：80-86.

[10] Li W，Ye Y，Hu N，et al. Real-time Warning and Risk Assessment of Tailings Dam Disaster Status Based on Dynamic Hierarchy-grey Relation Analysis[J]. Complexity，2019，(9)：1-14.

[11] 杨宏宇，秦赓．面向风险评估的关键系统识别[J]. 大连理工大学学报，2020，60(03)：306-316.

[12] Zhang L，Kim M，Khurshid S. Localizing failure-inducing program edits based on spectrum information[C]//2011 27th IEEE International Conference on Software Maintenance (ICSM). IEEE，2011：23-32.

[13] 王先华．企业安全风险的辨识与管控方法探讨[C]//中国职业安全健康协会．中国职业安全健康协会 2017 年学术年会论文集．北京，2017：15-18.

[14] 王先华．安全控制论原理在安全生产风险管控方面应用探讨[C]//中国金属学会冶金安全与健康分会．2016 中国金属学会冶金安全与健康分会学术年会论文集．武汉：2016：26-32.